D1995625

Ernesto Che Guevara

Ausgewählte Werke in Einzelausgaben

Band 1:
Guerillakampf und Befreiungsbewegung

Herausgegeben von Horst-Eckart Gross

Weltkreis

CIP-Kurztitelaufnahme der Deutschen Bibliothek

Guevara, Ernesto Che:
Ausgewählte Werke in Einzelausgaben / Ernesto Che
Guevara. Hrsg. von Horst-Eckart Gross. –
Dortmund : Weltkreis-Verlag
NE: Guevara, Ernesto Che: [Sammlung ‹dt.›]
Bd. 1. Guevara, Ernesto Che: Guerillakampf
und Befreiungsbewegung. – 1986.

Guevara, Ernesto Che:
Guerillakampf und Befreiungsbewegung / Ernesto
Che Guevara. [Übers. von Fred Harms. Überarb.
von Horst-Eckart Gross.] – Dortmund :
Weltkreis-Verlag, 1986.
(Ausgewählte Werke in Einzelausgaben / Ernesto
Che Guevara ; Bd. 1)
ISBN 3-88142-381-8
NE: Gross, Horst-Eckart [Bearb.]

Postfach 789
D-4600 Dortmund 1

Umschlaggestaltung: Rainer Schmidt, Dortmund
Lektorat: Hans van Ooyen, Marl
Herstellung: Plambeck & Co Druck und Verlag GmbH, D-4040 Neuss
Auflage: 5.4.3.2.1
ISBN 3-88142-381-8

Ernesto Che Guevara

Ausgewählte Werke in Einzelausgaben

Band 1:
Guerillakampf und Befreiungsbewegung

Herausgegeben von Horst-Eckart Gross

Weltkreis

Der Autor:

Ernesto Che Guevara, 1928 in Rosario (Argentinien) geboren, studierte Medizin an der Universität von Buenos Aires und promovierte dort 1953. Zahlreiche Reisen führten ihn u.a. nach Peru, in die USA, nach Bolivien, Kolumbien und Venezuela. Nach einem Aufenthalt in Mexiko begegnete er dem Führer des kubanischen Volkswiderstandes, Fidel Castro, und schiffte sich 1956 mit 81 anderen Revolutionären auf der „Granma" nach Kuba ein, um den Kampf gegen den Diktator Fulgencio E. Batista aufzunehmen.
Nach anfänglichen Niederlagen gewann die von der Sierra Maestra aus operierende Befreiungsbewegung immer größere Unterstützung durch die Bevölkerung, was am 1. Januar 1959 zum Sieg der Revolution führte. Che Guevara übernahm die Leitung der kubanischen Staatsbank, 1961 wurde er zum Innenminister ernannt. Während der von den USA finanzierten Invasion in der Schweinebucht im April 1961 befehligte er die kubanischen Truppen in Pinar del Rio. Als Revolutionär und Politiker erwarb er sich bald weltweites Ansehen und wurde für breite Teile der Jugend zur Identifikationsfigur.
1965 verließ Che Guevara Kuba, um sich – wie er selbst in seinem Abschiedsbrief schreibt – „einem neuen Gebiet des Kampfes gegen den Imperialismus zuzuwenden". Im Oktober 1967 wurde er von bolivianischen Regierungstruppen in der Nähe der Stadt Higueras ermordet.

Der Herausgeber:

Horst-Eckart Gross, Jahrgang 1943, ist Diplom-Mathematiker. Nach mehrjähriger Tätigkeit als wissenschaftlicher Mitarbeiter wurde er mit Berufsverbot belegt. Er lebte dreizehn Jahre in Brasilien und bereiste fast alle lateinamerikanischen Länder. 1974 beteiligte er sich an der Gründung der Freundschaftsgesellschaft BRD/Kuba, deren Vorsitzender er von 1978 bis 1982 war.
Im Weltkreis Verlag ist er als Mitverfasser der Biographie „Che – meine Träume kennen keine Grenzen" sowie als Herausgeber und Übersetzer mehrer Bücher lateinamerikanischer Autoren, darunter Fidel Castro, Ernesto Che Guevara und Lisandro Otero, hervorgetreten.

Inhalt

Rede in Erinnerung an Comandante Ernesto Che Guevara am 18. Oktober 1967

Compañeras und Compañeros,

an einem Tag im Juli oder August 1955 lernte ich Che kennen. Während einer Nacht – so berichtet er in seinen Schriften – entschied er sich, an der späteren Expedition mit der Granma teilzunehmen. Aber zu jenem Zeitpunkt verfügte diese Expedition weder über ein Schiff noch über Waffen und auch nicht über Truppen. So gelangte Che zusammen mit Raúl an die Spitze der Teilnehmerliste der Granma.

Seitdem sind zwölf Jahre vergangen, Jahre des Kampfes, historische Jahre. Im Laufe der Jahre hat der Tod viele wertvolle Leben erreicht, aber in den Jahren unserer Revolution traten aus den Reihen der Menschen, die hinter dieser Revolution stehen, außergewöhnliche Persönlichkeiten hervor. Zwischen diesen Menschen und der Bevölkerung entwickelten sich Zuneigungen und freundschaftliche Beziehungen, die unbeschreiblich sind.

Am heutigen Abend haben wir uns versammelt, um zu versuchen, unsere Gefühle für einen Menschen auszudrücken, der zu jenen Menschen gehörte, die uns am nächsten stehen, die wir am meisten bewundern und am meisten schätzen und der zweifelsohne der außergewöhnlichste Compañero dieser Revolution war. Wir wollen unsere Gefühle für ihn und für die Helden seiner internationalistischen Truppe ausdrücken, die mit ihm gekämpft haben, mit ihm gefallen sind und damit unvergeßlich und ruhmreich in die Geschichte eingingen.

Che war ein Mensch, der auf Anhieb gefiel durch seine Bescheidenheit, seinen Charakter, seine Natürlichkeit, seine Kameradschaft, seine Persönlichkeit, seine Originalität, selbst wenn seine weiteren, einzigartigen und für ihn charakteristischen Eigenschaften nicht bekannt waren.

In jenen Tagen war er der Arzt unserer Truppe. So entstanden die Bande der Freundschaft. Er haßte und verachtete den Imperialismus nicht nur, weil seine politische Einstellung schon damals eine beachtliche Reife aufwies, sondern auch weil er kurz zuvor in Guatemala Zeuge der verbrecherischen imperialistischen Intervention wurde, bei der Söldner die Revolution in jenem Land vernichteten.

Ein Mensch wie er mußte nicht lange überredet werden. Es genügte ihm das Wissen, daß Kuba sich in einer ähnlichen Lage befand, und es genügte ihm weiterhin zu wissen, daß es Männer gab, die dagegen mit der Waffe in der Hand zu kämpfen bereit waren. Für ihn war ausreichend zu wissen, daß diese Männer durch wahre revolutionäre und patriotische Ideen geleitet wurden. Das war mehr als genug.

So brach er mit uns Ende November 1956 nach Kuba auf. Ich erinnere mich gut daran, wie schwierig für ihn die Überfahrt war, da er wegen der besonderen Umstände der Abfahrt nicht einmal die notwendigen Medikamente mitnehmen konnte. Während der gesamten Überfahrt litt er unter einem starken Asthma-Anfall, dagegen hatte er keine Mittel, aber von ihm war nicht ein Wort der Klage zu hören.

Wir erreichten Kuba, führten die ersten Märsche durch, erlitten den ersten Rückschlag, und einige Wochen später fanden sich die übriggebliebenen Teilnehmer unserer Expedition wieder zusammen. Che war weiterhin der Arzt unserer Truppe.

Es folgte das erste siegreiche Gefecht, und Che war nun als weiterer Kämpfer eingesetzt, blieb daneben aber auch unser Arzt. In der zweiten siegreichen Schlacht war Che nicht nur ein Kämpfer, sondern derjenige unserer Soldaten, der sich am meisten hervorgetan hat durch eine jener außergewöhnlichen Heldentaten, die für ihn in allen Aktionen charakteristisch waren. Unsere Kräfte entwickelten sich, und wir führten ein Gefecht von außergewöhnlicher Bedeutung.

Die Situation war schwierig. Die uns vorliegenden Informationen waren in mancherlei Hinsicht falsch. Wir planten, bei Morgengrauen, also bei Tageslicht, eine feindliche Stellung anzugreifen, die direkt am Meer gelegen war, gut verteidigt und gut bestückt. Hinzu kam, daß sich hinter uns in nicht sehr großer Entfernung feindliche Truppen befanden. In dieser schwierigen Situation mußte den Männern eine außergewöhnliche Leistung abgefordert werden. Compañero Juan Almeida hatte eine der schwierigsten Aufgaben übernommen, aber dennoch blieb eine unserer Flanken völlig ungedeckt, ohne angreifende Kräfte, so daß die gesamte Aktion gefährdet schien. In diesem Augenblick bat Che, der damals noch unser Arzt war, um drei oder vier Männer, darunter einen Mann mit einer Maschinenpistole, und innerhalb weniger Sekunden, ja fast ohne eine Antwort abzuwarten, brach er auf, um aus dieser Richtung anzugreifen.

Bei jener Gelegenheit trat er nicht nur als ausgezeichneter Kämpfer hervor, sondern er war auch ein hervorragender Arzt, der alle verwundeten Compañeros und auch die verwundeten feindlichen Soldaten behandelte. Als es erforderlich wurde, nach der Einsammlung der erbeuteten Waffen den Rückzug anzutreten, traten wir einen langen Marsch an, bei dem wir von starken feindlichen Kräften bedrängt wurden. Da war es notwendig, daß jemand sich um die Verwundeten kümmerte. Che blieb bei ihnen. Unterstützt durch eine kleine Gruppe unserer Soldaten behandelte er die Verwundeten, rettete manchem von ihnen damit das Leben, und danach schloß er sich wieder unserer Truppe an.

Seit jenem Zeitpunkt tat er sich als fähiger und mutiger Anführer hervor; einer jener Männer, die bei einer bevorstehenden schwierigen Aufgabe nicht erst auf einen Befehl warten.

So war es bei dem Gefecht von El Uvero, aber auch bei einer anderen bisher nicht erwähnten Gelegenheit während der ersten Zeit nach der Landung, als durch Verrat unsere kleine Truppe von zahlreichen Flugzeugen angegriffen wurde und wir uns unter dem Bombenhagel zurückzogen. Wir hatten bereits eine Strecke zurückgelegt, als wir uns an die Waffen einiger Bauern erinnerten, die mit uns gekämpft und dann um Erlaubnis gebeten hatten, ihre Familien zu besuchen. Damals war die Disziplin unserer kleinen Truppe noch nicht sehr ausgeprägt. In jenem Augenblick nahmen wir an, daß ihre Gewehre verlorengehen könnten. Ich erinnere mich, daß Che sich, als dieses Problem angesprochen wurde, inmitten der explodierenden Bomben erbot, diese Gewehre zu retten. Wir hatten noch nicht ausgesprochen, als er sich schon auf den Weg machte.

Das war eine seiner charakteristischen Eigenschaften: die unmittelbare und spontane Bereitschaft, auch die gefährlichsten Aufgaben sofort zu übernehmen. Das rief selbstverständlich Bewunderung hervor, und zwar in zweifacher Hinsicht gegenüber dem Compañero, der mit uns gekämpft und nicht in unserem Land geboren war, der ein Mann war, der scharfsinnig dachte und in dessen Kopf ständig der Traum von Kämpfen in anderen Teilen des Kontinents präsent war, der so altruistisch, so selbstlos und voller Bereitschaft war, immer die schwierigsten Aufgaben zu übernehmen und somit ständig sein Leben aufs Spiel zu setzen.

So erhielt er den Dienstgrad eines Comandante und den des Oberkommandierenden der Zweiten Kampfgruppe, die in der Sierra Maestra aufgestellt wurde. So wuchs sein Ansehen, und so begann sich sein Ruf als hervorragender Kämpfer zu entwickeln, der im Verlauf des Krieges weiter verbreitet wurde.

Che war ein unvergleichbarer Soldat, und er war eine unvergleichbare Führungspersönlichkeit. Vom militärischen Standpunkt aus war er ein ungewöhnlich fähiger Mensch, außergewöhnlich mutig und außergewöhnlich kampfeslustig.

Wenn er als Guerillero eine Achillesferse besaß, dann war es seine übermäßige Angriffslust und seine absolute Geringschätzung jeglicher Gefahr.

Die Feinde meinen, aus seinem Tod Schlußfolgerungen ableiten zu können. Che war ein Meister der Kriegführung! Che war ein Virtuose in der Kunst des Guerillakampfes! Diese Eigenschaften stellte er unzählige Male unter Beweis, besonders aber bei den folgenden zwei Gelegenheiten: Einmal handelte es sich um die Invasion, als er eine Kampfgruppe anführte, die von Tausenden von Soldaten der Batista-Armee in einem flachen und unbekannten Gebiet verfolgt wurde. Zusammen mit Camilo Cienfuegos vollbrachte er dabei eine außergewöhnliche militärische Leistung. Zweitens bewies er seine Fähigkeiten während des Feldzugs in Las Villas und insbesondere bei dem kühnen Angriff auf die Stadt Santa Clara, als er an der Spitze von lediglich dreihundert Mann eine Stadt einnahm, die von Panzern, Artillerie und mehreren tausend Soldaten verteidigt wurde.

Durch diese kühnen Taten bewies er seine außergewöhnlichen Führungseigenschaften und zeigte sich als Meister in der Kunst des revolutionären Krieges. Jetzt aber, nach seinem heldenhaften und glorreichen Tod, wird versucht, die Gültigkeit und den Wert seiner Konzepte und Ideen über den Guerillakrieg zu bestreiten. Der Künstler mag sterben, insbesondere wenn er ein

Künstler in einer so gefährlichen Kunst wie der des revolutionären Kampfes ist, aber unsterblich ist die Kunst, der er sein Leben und seine Intelligenz widmete.

Was ist so seltsam an der Tatsache, daß dieser Meister in einem Kampf gefallen ist? Viel bemerkenswerter ist die Tatsache, daß er nicht in einem der vielen Kämpfe gefallen ist, in denen er im Verlauf unseres revolutionären Befreiungskampfes unzählige Male sein Leben einsetzte. Und wie oft mußten wir verhindern, daß er bei Aktionen von geringerer Bedeutung sein Leben riskierte!

So verlor er sein Leben in einem der zahlreichen Gefechte, an denen er beteiligt war. Wir verfügen nicht über genügend Informationen, um einschätzen zu können, unter welchen Bedingungen sein letzter Kampf stattfand und ob er zu waghalsig vorgegangen ist, aber – das möchte ich wiederholen – wenn er als Guerillero eine Achillesferse besaß, dann war es seine übermäßige Kampfeslust, seine völlige Verachtung jeglicher Gefahr.

In einem Punkt können wir mit Che schwerlich übereinstimmen, denn wir sind der Meinung, daß sein Leben, seine Erfahrung, seine Fähigkeiten als kriegserprobter Anführer, sein Ansehen und all das, was er verkörperte, wertvoller, ungleich viel wertvoller war, als er es vielleicht selbst einschätzte. Möglicherweise war sein Verhalten geprägt von der Vorstellung des relativen Werts des Individuums in der Geschichte sowie von der Konzeption, daß eine Sache nicht verloren ist, wenn Menschen fallen, daß der unhaltbare Gang der Geschichte nicht durch den Tod führender Persönlichkeiten aufgehalten werden kann.

Diese Einschätzung ist zweifelsohne richtig. Damit bewies er seinen Glauben an die Menschheit und an die Ideen sowie an die Kraft des Beispiels. Trotzdem – wie ich bereits vor einigen Tagen sagte – hätten wir von ganzem Herzen gewünscht, ihn als Schmied neuer Siege zu sehen, denn Männer seiner Erfahrung, seines Formats und seiner einzigartigen Fähigkeiten sind nicht alltäglich.

Wir können die umfassende Bedeutung seines Beispiels erkennen und sind der festen Überzeugung, daß sein Beispiel wirken wird und daß die Völker ähnliche Männer hervorbringen werden.

Es ist nicht einfach, in einer Person alle die Vorzüge zu finden, die er aufwies. Es ist nicht einfach, daß eine Person sich spontan zu einer Persönlichkeit wie der des Che entwickelt. Ich meine, daß er zu den Menschen gehörte, denen ebenbürtig zu sein schwierig und die zu übertreffen fast unmöglich ist. Aber ich meine auch, daß Menschen wie er mit ihrem Beispiel dazu beitragen, daß solche Menschen entstehen können.

An Che bewunderten wir nicht nur den Kämpfer und den Mann, der großer Taten fähig ist. Was er vollbrachte und was er tat, nämlich sich mit einer Handvoll Männern dem Kampf gegen die Armee der Herrschenden zu stellen, die von Yankee-Beratern geleitet und vom Yankee-Imperialismus und den Oligarchien aller benachbarter Staaten unterstützt wurde, allein dies ist bereits eine außergewöhnliche Tat. Blättern wir in den Geschichtsbüchern, dann werden wir möglicherweise kein Beispiel dafür finden, wie jemand mit so wenigen Männern sich einer so großen Aufgabe stellte und wie jemand mit einer so geringen Zahl von Mitstreitern den Kampf gegen so beachtliche Streitkräfte aufgenommen hat. Diesen Beweis des Selbstvertrauens und des Vertrauens in die Völker, diesen Beweis für den Glauben an die Kampffähigkeit kann man in der Geschichte suchen, aber man wird nichts Vergleichbares finden können.

Che fiel.

Die Feinde glaubten, seine Ideen und sein Guerilla-Konzept ebenso vernichtet zu haben wie seine Standpunkte vom bewaffneten revolutionären Kampf. Aber ihnen gelang es lediglich, Che mit Hilfe eines glücklichen Zufalls physisch zu vernichten. Es gelang ihnen lediglich, ein zufälliges Ereignis zu nutzen, wie es in einem Krieg stets eintreten kann. Dabei wissen wir nicht, in welchem Umfang ihnen dabei diese charakteristische Eigenschaft Ches zugute kam, die ich bereits erwähnte, nämlich seine übermäßige Kampfeslust und seine absolute Verachtung jeglicher Gefahr, die er bei allen Gefechten unter Beweis gestellt hatte.

Ähnliches ereignete sich auch während unseres Unabhängigkeitskriegs im 19. Jahrhundert. Bei einem Gefecht in Dos Ríos töteten sie den Apostel unserer Freiheit José Martí. Bei einem Gefecht in Punta Brava töteten sie Antonio Maceo, der Hunderte von Gefechten bestanden hatte. Bei ähnlichen Gefechten starben eine Unzahl von Offizieren und Soldaten während des Unabhängigkeitskrieges. Dennoch war dies keine Niederlage der Sache Kubas.

Wie ich bereits äußerte, ist Ches Tod ein harter Schlag für die revolutionäre Bewegung, da sie zweifelsohne einen ihrer erfahrensten und fähigsten Anführer verlor.

Aber es täuschen sich jene, die nun den Sieg verkünden. Es täuschen sich jene, die da glauben, daß sein Tod die Niederlage seiner Ideen, seiner Taktik, seiner Guerillakonzeption und seiner Thesen sei. Denn der Mann, der als Sterblicher gefallen ist, der so oft als Soldat den Kugeln ausgesetzt war, dieser Mann war tausendmal fähiger als jene, die ihn mit Hilfe des Zufalls töten konnten.

Trotzdem – wie müssen die Revolutionäre auf diesen widrigen Schlag reagieren? Wie müssen sie diesen Verlust beantworten?

Welche Meinung hätte Che dazu, wenn er sich darüber hätte äußern sollen? Diese Meinung hat er ausgesprochen, darauf hat er mit aller Deutlichkeit geantwortet, als er seine Botschaft an die Teilnehmer der Lateinamerikanischen Konferenz schrieb, daß der Tod ihm willkommen sei, wenn nur vorher sein Kriegsruf ein offenes Ohr gefunden hätte und eine andere Hand sich ausstreckte, um die Waffe zu ergreifen.

Sein Kriegsruf erreichte nicht nur ein offenes Ohr, sondern Millionen von Menschen. Und nicht eine Hand hat sich ausgestreckt, sondern Millionen von Händen werden sich durch sein Beispiel ausstrecken, um die Waffen zu ergreifen. Neue Anführer werden hervortreten. Die Menschen mit offenen Ohren und mit Waffen ergreifenden Händen werden Anführer brauchen, die aus den Reihen des Volks hervortreten werden, so wie sich bei allen Revolutionen führende Persönlickeiten herausgebildet haben.

Diese ausgestreckten Hände werden über keine Anführer mit der außerordentlichen Erfahrung und den außergewöhnlichen Fähigkeiten Ches verfügen. Die Anführer werden sich im Kampf herausbilden aus den Reihen der Millionen Menschen mit offenen Ohren und den Millionen Menschen, die früher oder später zu den Waffen greifen werden.

Es ist nicht so, daß wir meinen, Ches Tod werde eine unmittelbare Auswirkung auf die konkrete Entwicklung des revolutionären Kampfes haben. Es ist aber so, daß, als Che erneut die Waffe ergriff, er nicht an einen kurzfristigen Sieg dachte und auch nicht an einen raschen Triumph über die Kräfte der Oligarchie und des Imperialismus. Als erfahrener Kämpfer hatte er sich auf einen Kampf eingestellt, der – wenn nötig – fünf, zehn, fünfzehn, ja zwanzig Jahre dauern konnte, ja notfalls sogar sein ganzes Leben lang! Im Rahmen dieser zeitlichen Perspektive wird sein Tod, besser gesagt sein Beispiel, von gewaltiger Auswirkung sein und eine unbesiegbare Kraft darstellen.

Diejenigen, die sich an einen für sie glücklichen Zufall klammern, wollen seine Führungsfähigkeiten und seine Erfahrungen leugnen – ein hoffnungsloses Unterfangen. Che war ein außerordentlich fähiger militärischer Anführer. Aber wenn wir an Che denken, wenn wir uns an ihn erinnern, dann denken wir in erster Linie nicht an seine militärischen Fähigkeiten. Nein! Der Krieg ist lediglich ein Mittel und kein Ziel. Der Krieg ist nur ein Instrument der Revolutionäre.

Das Wichtigste ist die Revolution, die revolutionäre Sache, sind die revolutionären Ziele, die revolutionären Gefühle, die revolutionären Werte!

Gerade auf dem Feld der revolutionären Ideen, Gefühle und Werte fühlen wir mehr als den gewaltigen Verlust im Bereich der militärischen Fähigkeiten, den sein Tod für die revolutionäre Bewegung bedeutet. Denn Che vereinigte in seiner außergewöhnlichen Persönlichkeit Qualitäten, die sehr selten bei nur einem Menschen anzutreffen sind. Er trat unübertrefflich hervor als ein Mensch der Tat, aber er war auch ein tiefschürfender Denker von weitsichtiger Intelligenz und umfassender Bildung. Das heißt: In einer Person waren der Theoretiker und der Praktiker vereint.

Aber Che zeichnete sich nicht nur durch diese beiden Eigenschaften aus, sondern er besaß solche Eigenschaften, daß er als vollkommener Ausdruck eines Revolutionärs gelten kann: Er war ein Mensch von höchster Integrität, Ehrlichkeit und Aufrichtigkeit, von sympathischer und stoischer Lebensart, ein Mensch mit einem makellosen Lebenswandel. Dank dieser Eigenschaften war er ein wahres Vorbild eines Revolutionärs.

Sterben Menschen, so pflegt man Reden zu halten, in denen die Vorzüge des Verstorbenen hervorgehoben werden, aber ganz selten konnte mit größerem Recht und größerer Sicherheit behauptet werden als heute: Che war ein wahres Vorbild eines Revolutionärs.

Darüber hinaus besaß er eine weitere Eigenschaft, die nicht mit seinem Intellekt oder seiner ausgeprägten Willenskraft zusammenhängt und auch kein Ergebnis seiner Kampferfahrung ist, sondern eine Eigenschaft seines Herzens war: Che war außerordentlich human und von außergewöhnlicher menschlicher Sensibilität. Deshalb meinen wir, wenn wir an sein Leben und an seine Verhaltensweisen zurückdenken, daß er einer der ganz seltenen Menschen war, der in einer Person nicht nur Mensch der Tat, sondern auch Denker war, darüber hinaus ein vortrefflicher Revolutionär und gleichzeitig von hoher menschlicher Sensibilität gegenüber seinen Mitmenschen, dazu noch über einen eisernen Charakter, einen unbeugsamen Willen und eine enorme Zähigkeit verfügte.

Deshalb hat er künftigen Generationen nicht nur seine Erfahrungen und Kenntnisse als Soldat hinterlassen, sondern auch die Werke seiner Intelligenz. Er schrieb virtuos wie ein Klassiker. Seine Kriegsberichte sind unübertrefflich und beeindrucken durch die Tiefe seiner Reflexionen. Er schrieb niemals eine Zeile ohne außergewöhnliche Ernsthaftigkeit und Tiefgang, und manche seiner Schriften werden in der Zukunft zweifelsohne als klassische Dokumente revolutionärer Theorie gelten.

Er war ein unermüdlicher Arbeiter, und während der Jahre, in denen er in unserem Land wirkte, kannte er keinen Ruhetag. Zahlreiche verantwortungsvolle Aufgaben wurden ihm anvertraut: Präsident der Nationalbank, Direktor der nationalen Planungsbehörde, Industrieminister, Oberbefehlshaber militärischer Regionen, Leiter von politischen, ökonomischen und Solidaritäts-Delegationen.

Sein umfassend ausgeprägter Verstand vermochte jede Aufgabe mit einem Höchstmaß an Effektivität zu meistern. So vertrat Che unser Land bei zahlreichen internationalen Konferenzen genauso erfolgreich, wie er unsere Soldaten in den Kampf führte, und ebenso fähig war er an der Spitze der Institutionen, die er leitete. Für ihn gab es keinen Ruhetag, er kannte keine Stunde der Muße. Wenn wir die Fenster seines Büros betrachteten, so stellten wir fest, daß dort die Lichter erst tief in der Nacht gelöscht wurden. Nachts studierte er noch, oder besser, er arbeitete oder studierte, denn er beschäftigte sich mit allen anstehenden Fragen sehr intensiv und war darüber hinaus ein unermüdlicher Leser. Unstillbar war sein Wissensdurst, und die Stunden, die er seinem Schlaf stahl, widmete er seinen Studien.

An den arbeitsfreien Tagen meldete er sich zur freiwilligen Arbeit. Er initiierte und war der größte Förderer dieser Art von Arbeit, die heute von Hunderttausenden von Menschen im ganzen Land geleistet wird. Er spornte diese Aktivität an, die Tag für Tag in unserem Volk mehr und mehr verankert wird.

Als Revolutionär, als kommunistischer Revolutionär vertraute er den moralischen Werten genauso wie dem Bewußtsein der Menschen. Wir müssen sagen, daß er in seiner Konzeption die moralischen Werte als den grundlegenden Hebel für den Aufbau des Kommunismus ansah.

Über viele Dinge hat er nachgedacht, Ideen dazu entwickelt und diese niedergeschrieben. An einem Tag wie diesem muß auch gesagt werden, daß der politische und revolutionäre Denker Che einen wichtigen und ständigen Stellenwert in der revolutionären Entwicklung Kubas und in der Entwicklung des revolutionären Prozeßes in ganz Lateinamerika haben wird. Weiterhin zweifeln wir nicht daran, daß seine Ideen sowohl als Praktiker wie auch als Theoretiker, als eines Menschen mit hohen moralischen Werten wie auch unübertreffbarer Sensibilität sowie als Mannes mit einem makellosen Lebenswandel jetzt und in Zukunft von universaler Bedeutung sind und sein werden.

Angesichts des im Kampf gefallenen Guerilleros erheben die Imperialisten ihr Siegesgeschrei und verkünden ihren Triumph, denn einem glücklichen Zufall haben sie den Tod dieses hervorragenden Mannes der Tat zu verdanken. Aber vielleicht können die Imperialisten nicht verstehen, vielleicht wollen sie es auch nicht verstehen, daß Che nicht nur ein Mann der Tat war, sondern daß dieser Kämpfer zahlreiche weitere Eigenschaften besaß.

Wenn wir Schmerz empfinden, dann nicht nur, weil ein Mann der Tat verloren ging, sondern es schmerzt uns, daß ein Virtuose verloren gegangen ist, ein Mann von hoher Moral. Ebenso schmerzlich ist der Gedanke, daß Che in der Stunde seines Todes gerade neununddreißig Jahre alt war. Es schmerzt uns auch die Vorstellung, wie viele Früchte dieser Intelligenz und dieser immer reicheren Erfahrung wir nun nicht mehr ernten können.

Wir haben eine Vorstellung über das Maß dieses Verlustes für die revolutionäre Bewegung. Dennoch liegt hier die Schwäche der imperialistischen Feinde, nämlich zu glauben, daß mit der physischen Vernichtung eines Menschen auch dessen Denken ausgelöscht ist, seine Ideen, seine Tugenden, sein Beispiel. Dabei sind sie so schamlos, daß sie die überall hingenommene Tatsache öffentlich verkünden, daß sie Che nach seiner schweren Verwundung erschossen haben, als wäre das die natürlichste Sache der Welt. Ihnen fiel die Widerwärtigkeit ihres Vorgehens nicht einmal auf, ihnen scheint die Schamlosigkeit dieses Eingeständnisses nicht klar zu sein. Öffentlich verkündet haben sie das Recht der Handlanger, der Machthaber und der Söldner, einen schwer verwundeten revolutionären Kämpfer einfach niederzuschießen. Noch schlimmer die Rechtfertigung ihrer Tat, daß nämlich die Auswirkungen eines Gerichtsverfahrens gegen Che erheblich gewesen wären, ja sie fürchteten, daß es unmöglich gewesen wäre, solch einen Revolutionär auf die Anklagebank zu bringen.

Aber nicht nur das. Darüber hinaus haben sie nicht gezögert, seine sterblichen Überreste verschwinden zu lassen. Sei es wahr oder sei es eine Lüge, sie haben erklärt, sie hätten seinen Leichnam verbrannt. Damit dokumentieren sie ihre Furcht und offenbaren, daß sie doch nicht so überzeugt davon sind, daß sie mit seinem Tod auch Ches Ideen und Ches Beispiel liquidiert haben.

Che fiel bei der Verteidigung von nichts anderem als den Interessen der Ausgebeuteten und Unterdrückten dieses Kontinents. Che fiel bei der Verteidigung der Sache der Armen und der Entrechteten dieser Erde. Beispielhaft die Uneigennützigkeit, mit der er für diese Sache eintrat, was nicht einmal seine erbittertsten Feinde zu bestreiten wagen.

Vor der Geschichte nimmt die Größe von Menschen zu, die wie er handelten; der Menschen, die alles tun und alles geben für die Sache der Unterdrückten. Jeden Tag wächst die Bedeutung dieser Menschen, jeden Tag dringen sie tiefer in die Herzen der Völker ein. Das beginnen die imperialistischen Feinde zu merken, und sie werden es zur Kenntnis nehmen müssen, daß Ches Tod langfristig wie eine Saat sein wird, aus der viele Menschen hervorgehen werden, die ihn nachahmen und entschlossen seinem Beispiel folgen werden.

Wir sind vollkommen davon überzeugt, daß die revolutionäre Bewegung dieses Kontinents sich von diesem Schlag erholen wird, daß die Sache der Revolutionäre dieses Kontinents durch diesen Schlag nicht besiegt werden kann.

Vom revolutionären Standpunkt aus, vom Standpunkt unseres Volkes aus fragen wir uns: Wie müssen wir Ches Beispiel sehen? Können wir daran denken, daß wir ihn verloren haben? Sicherlich werden wir keine neuen Schriften von ihm erhalten, und es stimmt auch, daß wir seine Stimme nicht mehr hören werden. Aber Che hat der Menschheit ein Erbe hinterlassen, ein großes Erbe, und wir, die wir ihn so gut kannten, werden in einem beträchtlichen Umfang seine Testamentsvollstrecker sein.

Er hinterließ uns sein revolutionäres Denken und seine revolutionären Eigenschaften, seinen Charakter, seinen Willen, seine Zähigkeit und seine Einsatzbereitschaft. Mit einem Wort: Er hinterließ uns sein Beispiel. Ches Beispiel wird ein Vorbild für unser Volk sein! Ches Beispiel muß das Vorbild unseres Volks sein!

Wenn wir ausdrücken wollen, was wir von unseren revolutionären Kämpfern, von unseren Parteimitgliedern, von unseren Menschen erwarten, dann werden wir ohne zu zögern sagen: Mögen sie wie Che sein! Wenn wir ausdrücken wollen, wie unserer Meinung nach die Menschen künftiger Generationen sein sollen, dann müssen wir sagen: Mögen sie wie Che sein! Wenn wir ausdrücken wollen, wie unsere Kinder erzogen werden sollen, dann müssen wir ohne zu zögern sagen: Sie sollen im Geiste Ches erzogen werden! Wenn wir einen Menschen als Vorbild suchen, der nicht zu unserer Zeit gehört, sondern der ein Mensch der Zukunft ist, dann sage ich mit voller Überzeugung und aus ganzem Herzen, daß dieses Vorbild (...) Che ist. Wenn wir ausdrücken wollen, wie wir uns unsere Kinder wünschen, dann müssen wir aus tiefster revolutionärer Überzeugung sagen: Wir wollen, daß sie wie Che werden!

Che wurde zu einem vorbildlichen Menschen nicht nur für unser Volk, sondern für jedes lateinamerikanische Volk. Che ist der höchste Ausdruck für revolutionären Stoizismus, für revolutionäre Einsatzbereitschaft, für revolutionäre Kampfbereitschaft, für revolutionären Arbeitseinsatz. Che brachte die Theorie des Marxismus-Leninismus zu ihrem frischesten, reinsten und revolutionärsten Ausdruck. Kein anderer Mensch unserer Zeit hat wie Che die Ideen des proletarischen Internationalismus auf einen so vollkommenen Stand gebracht.

Wenn vom proletarischen Internationalismus gesprochen wird und wenn ein Beispiel für einen proletarischen Internationalisten gesucht wird, dann steht über jedem anderen Beispiel das Beispiel Ches. In seinem Kopf und in seinem Herzen waren die nationalen Flaggen ebenso verschwunden wie Chauvinismus und Egoismus. Er war bereit, sein Leben für die Sache eines jeden Volkes zu geben; spontan und ohne langes Nachdenken war er bereit, sein Leben einzusetzen! So ist sein Blut auf unseren Boden geflossen, als er bei mehreren Gefechten verwundet wurde. Für die Erlösung der Ausgebeuteten und Unterdrückten, für die Armen und einfachen Menschen floß sein Blut in Bolivien. Dieses Blut wurde vergossen für alle Ausgebeuteten und alle Unterdrückten, für die Völker Amerikas ebenso wie für das Volk von Vietnam. Denn Che wußte, daß, wenn er in Bolivien gegen Oligarchie und Imperialismus kämpfte, dies die höchste der Form der Solidarität mit Vietnam war.

Deshalb, Compañeros und Compañeras dieser Revolution, müssen wir der Zukunft mit Optimismus entgegenblicken, mit Standfestigkeit und Entschlossenheit. Ches Beispiel wird uns immer anspornen, im Kampf ebenso wie bei jedem Einsatz, der Ausdauer verlangt; bei der Standfestigkeit gegenüber dem Feind ebenso wie bei unserer internationalistischen Einstellung.

Die Veranstaltung am heutigen Abend ist beeindrukkend wegen ihrer Größe, der gezeigten Disziplin und Hingabe, und sie drückt Anerkennung aus. Sie beweist auch, daß das kubanische Volk ein sensibles und dankbares Volks ist, das zeigen kann, wie es die im Kampf gefallenen Helden ehrt, wie es diejenigen anerkennt, die dem Volk dienen. Diese Veranstaltung beweist weiterhin, wie dieses Volk sich mit dem revolutionären Kampf solidarisiert, daß dieses Volk hinter den Ideen und Konzepten der Revolution und den revolutionären Prinzipien steht und immer fester wird. Laßt uns heute, in diesem Augenblick der Erinnerung, mit Optimismus in die Zukunft blicken und unser uneingeschränktes Vertrauen in den Sieg der Völker ausdrücken.

Laßt uns zu Che und den Helden, die mit ihm gekämpft haben und mit ihm gefallen sind, sagen: Immer vorwärts bis zum Sieg!

Patria o Muerte!

Venceremos!

Fidel Castro

Guerillakrieg – eine Methode

Der Guerillakrieg ist unzählige Male in der Geschichte unter verschiedenen Bedingungen und zur Erreichung unterschiedlicher Ziele angewandt worden. In letzter Zeit ist er in verschiedenen Volksbefreiungskriegen benützt worden, dort, wo die Avantgarde des Volkes den Weg des irregulären bewaffneten Kampfes gegen Feinde mit überlegenem militärischen Potential wählte. Asien, Afrika und Amerika sind Schauplatz dieser Aktionen gewesen, wenn es sich darum handelte, die Macht zu erringen im Kampf gegen die feudale, neokoloniale oder koloniale Ausbeutung. In Europa wurde er als Ergänzung zu den eigenen und verbündeten regulären Armeen angewandt.

In Amerika hat man bei verschiedenen Gelegenheiten zum Guerillakampf gegriffen. Als Beispiel aus der jüngsten Vergangenheit lassen sich die Erfahrungen von César Augusto Sandino anführen, der gegen die Yankee-Expeditionstruppen in Nicaragua kämpfte. Und neuerdings der revolutionäre Krieg in Kuba. Seitdem sind in Amerika die Probleme des Guerillakrieges in den theoretischen Diskussionen der fortschrittlichen Parteien des Kontinents aufgeworfen, und die Möglichkeit und Zweckmäßigkeit seiner Anwendung ist Gegenstand gegensätzlicher Polemiken.

Die folgenden Notizen werden versuchen, unsere Ansichten über den Guerillakrieg und seine richtige Anwendung zum Ausdruck zu bringen.

Vor allem muß klargestellt werden, daß diese Sonderform des Kampfes eine Methode ist; eine Methode, um ein Ziel zu erreichen. Dieses für jeden Revolutionär unerläßliche, unumgängliche Ziel ist die Eroberung der politischen Macht. Bei der Analyse der spezifischen Bedingungen in den verschiedenen Ländern Amerikas muß daher ein Begriff von Guerilla verwendet werden, der auf die einfache Kategorie einer Methode des Kampfes zur Erreichung jenes Zieles zurückführbar ist.

Sofort erhebt sich die Frage: Ist die Methode des Guerillakriegs die einzige Formel für die Eroberung der Macht in ganz Amerika? Oder wird sie jedenfalls die vorherrschende Form sein? Oder wird sie bloß eine weitere Formel unter all den für den Kampf gebrauchten sein? Und zuallerletzt die Frage: Wird das Beispiel Kubas anwendbar sein auf andere reale Situationen des Kontinents? Im Verlauf der Polemik pflegt man diejenigen, die den Guerillakrieg aufnehmen wollen, mit dem Argument zu kritisieren, sie vernachlässigten den Massenkampf – als ob das einander entgegengesetzte Methoden wären. Wir weisen die Anschauung, die dieser Standpunkt impliziert, zurück; der Guerillakrieg ist ein Volkskrieg, ist ein Massenkampf. Diese Art von Krieg ohne die Unterstützung der Bevölkerung verwirklichen zu wollen, ist der Auftakt zu einer unvermeidlichen Katastrophe. Die Guerilleros sind die kämpferische Avantgarde des Volkes, an einem bestimmten Ort irgendeines Territoriums postiert, bewaffnet, bereit, eine Reihe militärischer Aktionen zu entfalten, die auf das einzig mögliche strategische Ziel hin gerichtet sind: die Eroberung der Macht. Sie werden unterstützt durch die Bauern- und Arbeitermassen des Gebiets und des ganzen betreffenden Territoriums. Ohne diese Voraussetzungen läßt sich nicht von Guerillakrieg reden.

„In unserem amerikanischen Bereich sehen wir drei grundlegende Lehren der Cubanischen Revolution für die Technik der revolutionären Bewegung in Amerika: 1. Die Volkskräfte können einen Krieg gegen die Armee gewinnen. 2. Nicht immer muß man warten, bis alle Bedingungen für die Revolution gegeben sind; der aufständische Brennpunkt kann sie schaffen. 3. Im unterentwickelten Amerika müssen Schauplatz des bewaffneten Kampfes grundsätzlich die ländlichen Gebiete sein."

Das sind die Lehren für die Entwicklung des revolutionären Kampfs in Amerika, und sie lassen sich auf jedes beliebige Land unseres Kontinents anwenden, in dem ein Guerillakrieg sich zu entwickeln beginnt.

Die Zweite Deklaration von Havanna stellt heraus: „In unseren Ländern treffen die Bedingungen einer unterentwickelten Industrie mit einem Agrarregime feudalen Charakters zusammen. So kommt es, daß – so hart auch die Lebensbedingungen der städtischen Arbeiter sind – die Landbevölkerung noch immer unter den feudalen Bedingungen der Unterdrückung und Ausbeutung lebt; sie bildet aber auch – von Ausnahmen abgesehen – die absolute Mehrheit der lateinamerikanischen Bevölkerungen in einem Verhältnis, das zuweilen 70 Prozent übersteigt.

Abgesehen von den Großgrundbesitzern, die vielfach in den Städten ihren Wohnsitz haben, fristet der Rest dieser großen Masse sein Leben durch miserabel bezahlte Taglöhnerarbeit auf den Latifundien oder durch eigene Landbestellung unter Ausbeutungsbedingungen, die dem Mittelalter in nichts nachstehen. Diese Umstände sind der Grund dafür, daß in Lateinamerika die arme Landbevölkerung eine gewaltige potentielle revolutionäre Kraft darstellt. Die für den konventionellen Krieg zusammengestellten und ausgerüsteten Armeen, die das Gewaltinstrument bilden, auf das sich die politische Macht der Ausbeuterklassen stützt, erweisen sich als völlig unwirksam, wenn sie dem irregulären Kampf der Bauern in deren vertrautem Gelände begegnen sollen; sie verlieren zehn Mann für jeden Revolutionär, der fällt, und die Demoralisierung breitet sich mit reißender Schnelligkeit unter ihnen aus, da sie einem unsichtbaren und unbesiegbaren Gegner die Stirn bieten müs-

sen, der ihnen keine Gelegenheit bietet, ihre Akademietaktiken und ihre großartigen Pläne in Szene zu setzen, mit denen sie großtun bei der Niederwerfung der Arbeiter und Studenten in den Städten.
Der anfängliche Kampf verhältnismäßig kleiner Kerne von Kämpfern verstärkt sich unablässig durch neue Kräfte; die Massenbewegung beginnt loszubrechen, die alte Ordnung zerspringt nach und nach in tausend Stükke, und dann kommt der Augenblick, in dem die Arbeiterklasse und die städtischen Massen die Schlacht entscheiden. Was macht diese ersten Kerne vom Anbeginn des Kampfes an unbesiegbar – unabhängig von der Anzahl, der Macht und den Ressourcen ihrer Feinde? Es ist die Unterstützung des Volkes, und über diese Unterstützung der Massen werden sie in immer höherem Grade verfügen. Jedoch die Bauernschaft ist eine Klasse, die wegen des Zustandes der mangelnden Bildung, in dem sie gehalten wird, und wegen der Isolierung, in der sie lebt, die revolutionäre und politische Führung der Arbeiterklasse und der revolutionären Intellektuellen braucht, eine Führung, ohne die sie nicht fähig wäre, sich in den Kampf zu stürzen und den Sieg zu erringen.
Unter den gegenwärtigen historischen Bedingungen Lateinamerikas kann die nationale Bourgeoisie den antifeudalen und antiimperialistischen Kampf nicht anführen. Die Erfahrung zeigt, daß in unseren Nationen diese Klasse, auch wenn ihre Interessen zu denen des Yankee-Imperialismus im Widerspruch stehen, unfähig gewesen ist, jenem die Stirn zu bieten, paralysiert durch die Angst vor der sozialen Revolution und erschreckt durch die Stimme der ausgebeuteten Massen."

Die Tragweite dieser Aussagen, die den Kernpunkt von Amerikas revolutionärem Programm bilden, wird durch die Zweite Deklaration von Havanna an anderer Stelle

folgendermaßen vervollständigt: „Die subjektiven Bedingungen eines jeden Landes, d.h. Bewußtsein, Organisation, Führung, können die Revolution beschleunigen oder verzögern, je nach ihrem größeren oder geringeren Entwicklungsgrad; aber früher oder später in jeder historischen Epoche, wenn die objektiven Bedingungen heranreifen, wird das Bewußtsein erworben, wird die Organisation geschaffen, bildet sich die Führung heraus und vollzieht sich die Revolution.
Ob diese auf friedlichem Wege erfolgt oder durch eine schmerzensreiche Geburt in die Welt gelangt, hängt nicht von den Revolutionären ab; es hängt von den reaktionären Kräften der alten Gesellschaft ab, die sich dagegen sträuben, die neue Gesellschaft entstehen zu lassen; die neue Gesellschaft, die durch die Widersprüche erzeugt wird, welche die alte Gesellschaft in ihrem Schoß trägt. Die Revolution spielt in der Geschichte die Rolle eines Geburtshelfers. Sie wendet nicht ohne Not Gewaltmaßnahmen an, aber sie wendet sie ohne Zögern jedesmal an, wenn es nötig ist, um der Geburt zu Hilfe zu kommen. Eine Geburt, die den versklavten und ausgebeuteten Massen die Hoffnung eines besseren Lebens bringt. In vielen Ländern Lateinamerikas ist die Revolution heute unvermeidbar. Diese Tatsache wird nicht vom Willen irgend jemands bestimmt. Sie wird bestimmt durch die furchtbaren Ausbeutungsverhältnisse, unter denen der amerikanische Mensch lebt, durch die Entwicklung des revolutionären Bewußtseins der Massen, durch die weltweite Krise des Imperialismus und durch die universale Kampfbewegung der unterjochten Völker."

Wir werden bei der ganzen Analyse der Guerillafrage in Amerika von diesen Grundlagen ausgehen.

Wir stellen fest, daß es sich um eine Kampfmethode zur Erreichung eines Zieles handelt. Als erstes haben wir das Ziel zu analysieren und zu sehen, ob die Eroberung der Macht hier in Amerika auf andere Weise als durch den bewaffneten Kampf möglich ist.

Der friedliche Kampf kann mittels Massenbewegungen vor sich gehen, um – in besonderen Krisensituationen – die Regierungen zum Nachgeben zu zwingen, wobei eventuell die Volkskräfte die Macht ergreifen und die Diktatur des Proletariats errichten würden. Richtig in der Theorie! Wenn wir das anhand des amerikanischen Panoramas untersuchen, müssen wir zu folgenden Schlußfolgerungen kommen: Auf diesem Kontinent gibt es im allgemeinen objektive Bedingungen, welche die Massen zu gewaltsamen Aktionen gegen die Bourgeois- und Grundbesitzer-Regierungen treiben, gibt es in vielen Ländern Machtkrisen und auch manche subjektiven Bedigungen. In den Ländern, in denen alle Bedingungen gegeben sind, wäre es selbstverständlich geradezu verbrecherisch, nicht tätig zu werden für die Ergreifung der Macht. In denen, auf die das nicht zutrifft, ist es in Ordnung, daß verschiedene Alternativen auftauchen und daß aus der theoretischen Diskussion die auf das jeweilige Land anwendbare Entscheidung hervorgeht. Das einzige, was die Geschichte nicht gestattet, ist, daß die Theoretiker und Ausführer der Politik des Proletariats sich irren. Niemand kann sich um den Titel einer Avantgardepartei bewerben wie um ein offizielles Universitätsdiplom. Avantgardepartei sein heißt an der Spitze der Arbeitsklasse stehen im Kampf um die Macht, es verstehen, sie zu deren Eroberung zu führen und dazu auch die kürzesten Wege zu finden. Das ist die Mission unserer revolutionären Parteien, und die Analyse muß tiefschürfend und erschöpfend sein, damit es keinen Irrtum gibt.

Heutzutage beobachtet man in Amerika einen Zustand labilen Gleichgewichts zwischen der oligarchischen Diktatur und dem Druck des Volkes. Wir brauchen das Wort „oligarchisch“ zur Bezeichnung der reaktionären Allianz zwischen den Borugeoisien jedes Landes und seinen Grundbesitzerklassen, bei stärkerem oder geringerem Vorherrschen der Feudalstrukturen. Diese Diktaturen operieren innerhalb eines bestimmten Legalitätsrahmens, den sie sich selbst gegeben haben zur Erleichterung ihrer Arbeit während der ganzen Periode uneingeschränkter Klassenherrschaft - wir aber erleben eine Phase, in welcher der Druck des Volkes äußerst stark ist; es klopft an die Türen der bürgerlichen Legalität, und diese Legalität muß von ihren eigenen Urhebern verletzt werden, um das Andrängen der Massen aufzuhalten. Allerdings, die schamlose Verletzung jeder überkommenen Gesetzgebung bzw. die nachträgliche Gesetzgebung zur Sanktionierung des Tatbestands versetzen die Volkskräfte in noch größere Spannung. Deshalb versucht die oligarchische Diktatur die alten Gesetzesvorschriften zu benützen, um die Verfassungswirklichkeit zu ändern und das Proletariat weiterhin abzuwürgen, ohne daß ein frontaler Zusammenprall entsteht. Dennoch: eben hier entsteht der Widerspruch. Das Volk erträgt schon nicht mehr die alten und noch weniger die neuen Zwangsmaßnahmen der Diktatur und versucht, sie zu durchbrechen. Wir dürfen niemals den autoritären und repressiven Klassencharakter des bürgerlichen Staates vergessen. Lenin sagt von im: „Der Staat ist Produkt und Äußerung der Unversöhnlichkeit der Klassenwidersprüche. Der Staat entsteht dort, dann und insofern, wo, wann und inwiefern die Klassenwidersprüche objektiv nicht versöhnt werden können. Und umgekehrt: das Bestehen des Staates beweist, daß die Klassenwidersprüche unversöhnlich sind.“ (Staat und Revolution)

D.h., wir dürfen nicht zulassen, daß das Wort „Demokratie“, in apologetischer Weise zur Darstellung der Diktatur der Ausbeuterklasse verwendet, die Tiefe seines Begriffs verliert und nur den Sinn bestimmter, größerer oder geringerer Freiheiten des Staatsbürgers erhält. Nur für die Wiederherstellung einer bestimmten bürgerlichen Legalität kämpfen, ohne sich die Frage der revolutionären Macht zu stellen, heißt für die Rückkehr zu einer bestimmten, von den herrschenden Gesellschaftsklassen vorher etablierten diktatorischen Ordnung kämpfen; heißt auf jeden Fall für die Einführung eines Fußeisens kämpfen, das an seinem Ende eine für den Sträfling weniger schwere Kugel hat. Bei solchen Konfliktbedingungen bricht die Oligarchie ihre eigenen Verträge, ihre eigene Scheindemokratie und greift das Volk an, auch wenn sie dabei stets versucht, die Methoden ihres zum Zweck der Unterdrückung geschaffenen Überbaus zu verwerten. In diesem Moment stellt sich von neuem die Frage: Was tun? Wir erwidern: Die Gewalt ist kein Vorrecht der Ausbeuter, auch die Ausgebeuteten können sie anwenden und, mehr noch, müssen sie anwenden im rechten Moment. Martí sagte: „Verbrecherisch handelt, wer in einem Land einen vermeidbaren Krieg vorbereitet und wer einen unvermeidbaren Krieg vorzubereiten unterläßt."

Lenin seinerseits sagte: „Die Sozialdemokratie hat nie betrachtet und betrachtet nicht den Krieg von einem sentimentalen Standpunkt aus. Sie verdammt absolut den Krieg als grausames Mittel der Klärung von Differenzen zwischen den Menschen, aber sie weiß, daß Kriege unvermeidlich sind, solange die Gesellschaft in Klassen gespalten ist, solange es Ausbeutung des Menschen durch den Menschen gibt. Und um mit dieser Ausbeutung Schluß zu machen, werden wir nicht vom Krieg absehen, zu dem immer und überall die eigenen Ausbeuter-, Herrscher- und Unterdrückerklassen greifen." Das sagte er im Jahre 1905; später, als er im Militärprogramm der proletarischen Revolution eine tiefgründige Analyse der Natur des Klassenkampfes gab, stellte er fest: „Wer den Klassenkampf anerkennt, der kann nicht umhin, auch Bürgerkriege anzuerkennen, die in jeder Klassengesellschaft eine natürliche, unter gewissen Umständen unvermeidliche Weiterführung, Entwicklung und Verschärfung des Klassenkampfes darstellen. Alle großen Revolutionen bestätigen das. Bürgerkriege zu verneinen oder zu vergessen, hieße in den äußersten Opportunismus verfallen und auf die sozialistische Revolution verzichten." D.h., wir dürfen die Gewalt nicht fürchten, die Hebamme der neuen Gesellschaften; nur daß die Gewalt genau in dem Moment entfesselt werden muß, in dem die Führer des Volkes die günstigsten Umstände ausfindig gemacht haben.

Welche sind dies? Sie hängen subjektiv von zwei Faktoren ab, die sich ergänzen und die sich ihrerseits im Verlauf des Kampfes allmählich vertiefen: dem Bewußtsein von der Notwendigkeit einer Änderung und der Gewißheit von der Möglichkeit dieser revolutionären Änderung; zusammen mit den objektiven Bedingungen – die in fast ganz Amerika äußerst günstig sind für die Entfaltung des Kampfes –, mit der Festigkeit des Willens zur Erreichung jenes Zieles und mit dem neuen Kräfteverhältnis in der Welt bedingen sie die Art des Handelns.

Wie weit die sozialistischen Länder auch entfernt sind, immer wird ihr wohltätiger Einfluß auf die kämpfenden Völker spürbar sein, und ihr erzieherisches Beispiel wird ihnen größere Kraft geben. Fidel Castro sagte am 26. Juli 1963: „Und die Pflicht der Revolutionäre ist es vor allem jetzt, die auf der Welt stattgefundenen Veränderungen im Kräfteverhältnis wahrnehmen zu können, aufspüren zu können und zu begreifen, daß diese Veränderung den Kampf der Völker erleichtert. Die Pflicht der Revolutionäre, der lateinamerikanischen Revolutionäre, besteht nicht im Warten darauf, daß die Veränderung im Kräfteverhältnis das Wunder der sozialen Revolution in Lateinamerika hervorbringe, sondern im richtigen Ausnützen all der Vorteile, die diese Veränderung im Kräfteverhältnis für die revolutionäre Bewegung bietet, und im Machen der Revolutionen!"

Es gibt Leute, die sagen: „Wir akzeptieren den revolutionären Krieg als angemessenes Mittel, um in bestimmten besonderen Fällen zur Eroberung der politischen Macht zu gelangen; aber woher nehmen wir die großen Anführer, die Fidel Castros, die uns zum Triumph führen?" Fidel Castro ist wie jedes menschliche Wesen ein Produkt der Geschichte. Die – wenn möglich in einer Person vereinten – militärischen und politischen Führer, die die Aufstandsbewegungen in Amerika leiten sollen, werden die Kriegskunst erlernen durch die Kriegsführung selbst. Es gibt kein Handwerk und keinen Beruf, die man nur aus Lehrbüchern erlernen könnte. Der Kampf ist in diesem Fall der große Lehrmeister.

Selbstverständlich wird die Aufgabe weder einfach sein noch in ihrem ganzen Verlauf frei von schweren Bedrohungen. In der Entwicklung des bewaffneten Kampfs treten zwei Momente äußerster Gefahr für die Zukunft der Revolution auf. Das erste davon entsteht in der Vorbereitungsphase, und die Art, wie es gelöst wird, ist ein Maßstab für die Kampfentschlossenheit und das klare Zielbewußtsein der Volkskräfte. Wenn der bürgerliche Staat gegen die Positionen des Volkes vorrückt, muß offensichtlich ein Prozeß der Verteidigung ins Werk gesetzt werden gegen den Feind, der in diesem Moment der Überlegenheit angreift. Wenn sich bereits die objektiven und subjektiven Minimalbedingungen entwickelt haben, muß die Verteidigung eine bewaffnete sein, jedoch dergestalt, daß die Volkskräfte nicht zu bloßen Empfängern der Schläge des Feindes werden; man darf auch nicht zulassen, daß der Schauplatz der bewaffneten Verteidigung sich bloß in eine letzte Zuflucht der Verfolgten verwandelt. Der Guerillakrieg, zu einem bestimmten Zeitpunkt eine Verteidigungsbewegung des Volkes, birgt in sich und muß ständig entfalten die Fähigkeit zum Angriff auf den Feind. Diese Fähigkeit ist es, die mit der Zeit allmählich seinen Charakter als Katalysator der Volkskräfte bestimmt. Das heißt, der Guerillakrieg ist keine passive Selbstverteidigung, er ist Verteidigung mit Angriff, und sobald er als solcher konzipiert wird, hat er als Endperspektive die Eroberung der politischen Macht. Dieses erste Moment ist bedeutungsvoll. In den gesellschaftlichen Prozessen kann der Unterschied zwischen Gewalt und Nichtgewalt nicht an der Zahl der gewechselten Schüsse gemessen werden; er bezieht sich auf konkrete im Fluß befindliche Situationen. Man muß den Augenblick zu erkennen wissen, wo die Volkskräfte, ihrer relativen Schwäche, aber zugleich auch ihrer strategischen Stärke bewußt, den Feind zwingen müssen, die Schritte zu tun, die nötig sind, damit die Situation nicht rückläufig wird. Das Gleichgewicht oligarchische Diktatur – Druck des Volkes muß zerstört werden. Die Diktatur versucht regelmäßig, ohne auffällige Gewaltanwendung auszukommen; indem man sie zwingt, sich als Maske zu zeigen, d.h. in ihrer wahren Gestalt als gewaltsame Diktatur der reaktionären Klassen, wird man zu ihrer Entlarvung beitragen, was den Kampf so bis zum Äußersten verschärfen wird, daß es kein Zurück mehr gibt. Davon, wie die Volkskräfte, welche die Diktatur zum Aufdecken der Karten – entweder zum Nachgeben oder zum Auslösen des Kampfes – zwingen müssen, ihre Funktion erfüllen, hängt der gesicherte Beginn einer weitreichenden bewaffneten Aktion ab.

Das Fertigwerden mit dem zweiten gefährlichen Moment hängt von der Macht der aufsteigenden Entwicklung der Volkskräfte ab. Marx empfahl immer, wenn einmal der revolutionäre Prozeß in Gang gekommen sei, müsse das Proletariat pausenlos zuschlagen. Eine Revolution, die sich nicht ständig vertieft, ist eine zurückgehende Revolution. Die Kämpfer beginnen, erschöpft, die Zuversicht zu verlieren, und dann kann irgendeines der Manöver verfangen, die uns die Bourgeoisie schon so oft vorexerziert hat. Es kann in Wahlen bestehen mit Übertragung der Macht an einen anderen Herrn mit süßerer Stimme und engelhafterem Antlitz als der abgelöste Diktator oder in einem Staatsstreich der Reaktionäre, die gewöhnlich von der Armee angeführt werden und sich dabei direkt oder indirekt der fortschrittlichen Kräfte als Stütze bedienen. Es sind noch andere Manöver denkbar, aber es ist nicht unsere Absicht, taktische Tricks zu untersuchen.

Wir lenken die Aufmerksamkeit hauptsächlich auf das oben erwähnte Manöver des Militärputschs. Was können die Militärs für die wahre Demokratie tun? Welche Loyalität kann man von ihnen verlangen, wenn sie bloße Herrschaftsinstrumente der reaktionären Klassen und der imperialistischen Monopole sind und wenn sie als eine Kaste, die so viel wert ist als sie Waffen besitzt, lediglich nach der Aufrechterhaltung ihrer Privilegien streben?

Wenn die Militärs in für die Unterdrücker schwierigen Situationen konspirieren und einen de facto besiegten Diktator stürzen, so muß man annehmen, daß sie es deswegen tun, weil dieser nicht imstande ist, ihre Klassenprivilegien zu erhalten, ohne zur äußersten Gewalt zu greifen – was unter den gegenwärtigen Umständen den Interessen der Oligarchie gewöhnlich nicht zuträglich ist.

Diese Behauptung bedeutet keineswegs ein Verwerfen der Nutzbarmachung von Militärs als individuelle Kämpfer, losgelöst von dem sozialen Milieu, in dem sie gewirkt haben. Und diese Nutzbarmachung muß erfolgen im Rahmen der revolutionären Führung, der sie als Kämpfer und nicht als Vertreter einer Kaste angehören werden.

In schon weit zurückliegenden Zeiten schrieb Engels im Vorwort zur dritten Auflage des Bürgerkrieges in Frankreich: „Die Arbeiter (waren nach jeder Revolution) bewaffnet; für die am Staatsruder befindliche Bourgeois war daher Entwaffnung der Arbeiter erstes Gebot. Daher nach jeder, durch die Arbeiter erkämpften Revolution ein neuer Kampf, der mit der Niederlage der Arbeiter endigt." (Zitiert nach Lenin, Staat und Revolution)

Dieses Spiel fortwährender Kämpfe, bei dem eine formale Änderung irgendwelcher Art erreicht wird und strategisch ein Rückschritt erfolgt, hat sich jahrzehntelang in der kapitalistischen Welt wiederholt. Mehr noch, der permanente Betrug am Proletariat in dieser Form hat bereits über ein Jahrhundert periodischen Vorkommens hinter sich.

Gefährlich ist es auch, wenn, vom Wunsch geleitet, durch Ausnutzung gewisser Aspekte der bürgerlichen Legalität für eine Zeit lang günstigere Bedingungen für die revolutionäre Aktion zu behalten, die Führer der fortschrittlichen Parteien die Begriffe durcheinanderbringen – eine im Verlauf der Aktion sehr geläufige Erscheinung – und das entscheidende strategische Ziel vergessen: *die Eroberung der Macht.*

Diese zwei schwierigen Momente der Revolution, die wir summarisch untersucht haben, werden dann überwunden, wenn die marxistisch-leninistischen Führungsparteien imstande sind, die momentanen Verwicklungen zu durchschauen und die Massen im höchsten Grade zu mobilisieren, indem man sie auf den richtigen Weg der Lösung der Hauptwidersprüche führt.

Bei der Ausarbeitung des Themas haben wir angenommen, daß man eventuell den Gedanken des bewaffneten Kampfs akzeptieren wird und auch die Form des Guerillakrieges als Kampfmethode. Warum halten wir unter den gegenwärtigen Bedingungen Amerikas den Guerillakrieg für den richtigen Weg? Es gibt grundlegende Argumente, die unserer Meinung nach die Notwendigkeit einer Guerillaaktion als zentraler Achse des Kampfes in Amerika bestimmen.

1. Wenn man als wahr annimmt, daß der Feind kämpfen wird, um sich an der Macht zu halten, muß man an die Zerstörung der Unterdrückungsarmee denken; um sie zu zerstören, muß man ihr eine Volksarmee entgegenstellen. Diese Armee entsteht nicht spontan, sie muß sich aus dem Arsenal, das ihr der Feind beschert, bewaffnen, und das bedingt einen harten und sehr langen Kampf, in dem die Volkskräfte und ihre Führer stets dem Angriff überlegener Streitkräfte ausgesetzt wären, ohne entsprechende Verteidigungs- und Manövriermöglichkeiten.

Demgegenüber gewährleistet der in kampfgünstigem Gelände eingenistete Guerillakern Sicherheit und Dauer der revolutionären Führung. Die städtischen Kräfte können, vom Generalstab der Volksarmee gesteuert, Aktionen von unübersehbarer Bedeutung vollbringen. Die eventuelle Zerschlagung dieser Gruppen würde die Seele der Revolution, ihren Führungsstab, nicht töten, der von seiner ländlichen Festung aus fortfahren würde, als Katalysator des revolutionären Geistes der Massen zu wirken und neue Kräfte für weitere Schlachten zu organisieren.

Darüber hinaus beginnt in diesem Gebiet die Herausbildung des zukünftigen Staatsapparats, der während der ganzen Übergangsperiode die Aufgabe hat, die Klassendiktatur wirksam anzuleiten. Je länger der Kampf dauert, desto größer und komplizierter werden die administrativen Probleme sein, und ihre Lösung wird die Kader trainieren für die schwierige Aufgabe, in einer zukünftigen Phase die Macht zu festigen und die Wirtschaft zu entwickeln.

2. Die allgemeine Lage der lateinamerikanischen Bauernschaft und der von Mal zu Mal explosivere Charakter ihres Kampfes gegen die feudalen Strukturen, im Rahmen einer gesellschaftlichen Bündnissituation zwischen einheimischen und ausländischen Ausbeutern.

Zurück zur Zweiten Deklaration von Havanna: „Die Völker Amerikas befreiten sich von der spanischen Kolonialherrschaft zu Beginn des vorigen Jahrhunderts, aber sie befreiten sich nicht von der Ausbeutung. Die feudalen Großgrundbesitzer übernahmen die Autoritätsfunktion der spanischen Gouverneure, die Indios verharrten in leidvoller Knechtschaft, der lateinamerikanische Mensch blieb weiterhin in der einen oder anderen Form ein Sklave, und die geringsten Hoffnungen der Völker kommen unter der Macht der Oligarchien und unter dem Joch des ausländischen Kapitals zum Erliegen. Das ist die bisherige amerikanische Wirklichkeit, mit der oder jener Schattierung, mit der einen oder anderen Variante. Heute ist Amerika einem viel wüsteren, viel mächtigeren und viel erbarmungsloseren Imperialismus unterworfen, als es der spanische Kolonialimperialismus war.

Und welches ist, angesichts der objektiven und historisch unabwendbaren Realität der lateinamerikanischen Revolution, die Haltung des Yankee-Imperialismus? Vorbereitung auf die Führung eines Kolonialkrieges gegen die Völker Lateinamerikas; Schaffung des militärischen Apparats, der politischen Vorwände und der pseudolegalen Handhaben in Gestalt von Verträgen mit den Vertretern der reaktionären Oligarchien, um den Kampf der lateinamerikanischen Völker mit Feuer und Schwert niederzuwerfen. Diese objektive Lage zeigt uns die Kraft, die ungenutzt in unseren Bauern schlummert, und die Notwendigkeit, sie zur Befreiung Amerikas fruchtbar zu machen.

3. Der kontinentale Charakter des Kampfes: Ließe sich diese neue Phase der Emanzipation Amerikas vorstellen als ein Sichmessen zweier örtlicher Kräfte im Kampf um die Macht über ein bestimmtes Territorium? Schwerlich. Der Kampf wird ein Kampf auf Leben und Tod sein zwischen allen Volkskräften und allen Repressionskräften. Auch die oben zitierten Passagen sagen es voraus.

Die Yankees werden intervenieren aus Interessensolidarität und, weil der Kampf in Amerika entscheidend ist. Tatsächlich intervenieren sie bereits mit der Vorbereitung der Repressionskorps und mit der Organisierung eines kontinentalen Kampfapparates. Aber von nun an werden sie es mit aller Energie tun; sie werden die Volkskräfte mit allen ihnen zur Verfügung stehenden Vernichtungswaffen züchtigen; sie werden der revolutionären Macht nicht erlauben, sich zu konsolidieren; und sollte eine solche dennoch dazu kommen, werden sie von neuem angreifen, sie nicht anerkennen, die revolutionären Kräfte zu spalten versuchen, Saboteure jeder Art einschleusen, Grenzkonflikte schaffen, andere reaktionäre Staaten dagegen aufhetzen, sich daran zu machen, den neuen Staat wirtschaftlich zu strangulieren, kurz: zu vernichten.

Angesichts dieses amerikanischen Panoramas gestaltet sich die Erringung und Konsolidierung des Sieges in einem isolierten Land schwierig. Auf die Vereinigung der Repressionskräfte muß mit der Vereinigung der Volkskräfte geantwortet werden. In allen Ländern, in denen die Unterdrückung einen unerträglichen Grad erreicht, muß die Fahne der Rebellion aufgepflanzt werden, und diese Fahne wird aufgrund historischer Notwendigkeit kontinentale Züge tragen. Die Andencordillere ist berufen, die Sierra Maestra Amerikas zu sein, wie Fidel sagte; und all die riesigen Territorien, die dieser Kontinent umschließt, sind berufen, Schauplatz des Kampfes auf Leben und Tod gegen die Macht des Imperialismus zu sein.

Wir können nicht sagen, wann der Kampf diesen kontinentalen Charakter annehmen wird, noch, wie lange er dauern wird; aber wir können sein Heraufkommen und seinen Triumph voraussagen, weil er das Ergebnis unvermeidlicher historischer, ökonomischer und politischer Umstände ist und weil sein Kurs nicht verändert werden kann. Ihn zu beginnen, wenn die Bedingungen gegeben sind, unabhängig von der Situation in den anderen Ländern, ist die Aufgabe der revolutionären Kraft in jedem Land. Die Entwicklung des Kampfes wird nach und nach die Gesamtstrategie bedingen; die Voraussage des kontinentalen Charakters entspringt der Analyse der Kräfte auf jeder Seite, aber das schließt keineswegs den unabhängigen Ausbruch aus. So wie die Eröffnung des Kampfes an einem Punkt eines Landes dazu bestimmt ist, ihn in dessen gesamten Bereich zu entfalten, so trägt die Auslösung des revolutionären Kriegs dazu bei, neue Bedingungen in den Nachbarländern zu entwickeln.

Die Entwicklung der Revolutionen ist normalerweise in der Form umgekehrt proportionaler Gezeitenströme vor sich gegangen; der revolutionären Flut entspricht die konterrevolutionäre Ebbe, und umgekehrt gibt es in den Momenten revolutionären Niedergangs einen konterrevolutionären Aufstieg. In diesen Augenblicken wird die Lage der Volkskräfte wieder schwierig, und sie müssen zu den besten Verteidigungsmitteln greifen, um die geringsten Rückschläge zu erleiden. Der Feind ist außerordentlich stark, er ist kontinental. Deshalb darf die relative Schwäche der lokalen Bourgeoisien nicht zugrundegelegt werden, um Entscheidungen von beschränkter Reichweite zu treffen. Noch weniger ließe sich an ein eventuelles Bündnis dieser Oligarchien mit dem bewaffneten Volk denken. Die kubanische Revolution hat die Alarmglocke geläutet. Die Polarisierung der Kräfte wird total werden: Ausbeuter auf der einen Seite und Ausgebeutete auf der anderen; die Masse des Kleinbürgertums wird sich der einen oder anderen Partei zuneigen, je nach ihren Interessen und dem politischen Geschick, mit der sie behandelt wird; das Neutralbleiben wird eine Ausnahme bilden. So wird der revolutionäre Krieg aussehen.

Sehen wir, wie ein Guerillafokus anfangen könnte:

Relativ kleine Kerngruppen von Menschen wählen für den Guerillakrieg günstige Örtlichkeiten aus, sei es mit der Absicht, einen Gegenangriff zu entfesseln oder dem großen Sturm elastisch auszuweichen, und beginnen dort zu wirken. Man muß klar folgendes herausstellen: Im ersten Moment ist die relative Schwäche der Guerilla so groß, daß sie ihre Arbeit darauf beschränken müssen, sich im Gelände festzusetzen, die Umgebung kennenzulernen, indem sie Verbindungen zur Bevölkerung herstellen und die Orte verstärken, die eventuell zu Stützpunkten werden können.

Es gibt drei Bedingungen für das Überleben einer Guerillaeinheit, die ihre Entwicklung unter den hier genannten Voraussetzungen beginnt: dauernde Beweglichkeit, dauernde Wachsamkeit, dauernder Argwohn. Ohne die entsprechende Anwendung dieser drei Elemente der militärischen Taktik wird die Guerillaeinheit kaum überleben. Es muß daran erinnert werden, daß der Heroismus des Guerilleros in diesen Momenten in der Größe des gesteckten Ziels besteht und in der Vielzahl von Opfern, die er zu seiner Verwirklichung wird bringen müssen.

Diese Opfer werden nicht das tägliche Gefecht, der

Kampf Mann gegen Mann mit dem Feind sein; sie werden viel subtilere und körperlich und geistig für die Guerilleros viel schwerer auszuhaltende Formen annehmen.

Sie werden vielleicht von den feindlichen Armeen schlimm heimgesucht werden; bisweilen in Gruppen zersprengt werden; gefoltert werden, wenn sie in Gefangenschaft geraten; in den für die Aktivität gewählten Gebieten wie gehetzte Tiere verfolgt werden; ständig davon beunruhigt, daß Feinde den Guerilleros auf den Fersen sind; mit dem ständigen Argwohn gegenüber allem und jedem, sogar daß die eingeschüchterten Bauern sie unter gewissen Umständen ausliefern werden, um mit dem Verschwinden des Vorwands die Repressionstruppen loszuwerden; ohne eine andere Alternative als Tod oder Sieg in Augenblicken, in denen der Tod eine tausendmal gegenwärtige Vorstellung ist und der Sieg der Traum, den nur ein Revolutionär träumen kann.

Dies ist das Heldentum des Guerillakriegs; deshalb sagt man, daß auch Marschieren eine Form des Kämpfens ist, daß einem Gefecht zu einem bestimmten Zeitpunkt aus dem Wege zu gehen, nichts als eine Form des Kämpfens ist. Die Zielsetzung besteht darin, angesichts der allgemeinen Überlegenheit des Feindes die taktische Formel zur Erlangung einer relativen Überlegenheit an einem gewählten Punkt zu finden, indem man das Kräfteverhältnis entweder dadurch umkehrt, daß man größere Truppenstärken als jener konzentrieren kann, oder dadurch, daß man sich bei der Ausnutzung des Geländes Vorteile sichert. Unter diesen Bedingungen ist der taktische Sieg gesichert; wenn die relative Überlegenheit nicht eindeutig ist, ist es besser, nicht tätig zu werden. Man darf kein Gefecht liefern, das nicht zu einem Sieg führt; das Wie und Wann dagegen kann man auswählen.

Im Rahmen der großen politisch-militärischen Aktion, von der er ein Bestandteil ist, wird der Guerillakrieg allmählich anwachsen und festen Fuß fassen; es werden sich dann die Stützpunkte herausbilden, ein grundlegendes Element für das Gedeihen der Guerillaarmee. Diese Basen sind Punkte, an denen das feindliche Heer nur um den Preis hoher Verluste eindringen kann; Bastionen der Revolution, Zuflucht und Sprungbrett der Guerilleros für immer weitere und kühnere Streifzüge.

Dieser Moment wird erreicht, wenn man die Schwierigkeiten taktischer und politischer Natur gleichzeitig überwunden hat. Die Guerilla darf niemals ihre Funktion als Avantgarde des Volkes, den Auftrag, den sie verkörpert, vergessen und muß deshalb die notwendigen politischen Voraussetzungen schaffen für die Errichtung der revolutionären Macht, die sich auf die vollständige Unterstützung der Massen gründet. Die großen Forderungen der Bauernschaft müssen in dem Maß und in der Form, wie es die Umstände gestatten, befriedigt werden, wobei man aus der ganzen Bevölkerung eine kompakte und entschlossene Gesamtheit macht.

Wenn die militärische Situation der ersten Momente schwierig sein wird, so wird die politische nicht weniger heikel sein; und wenn ein einziger militärischer Fehler den Guerillakrieg liquidieren kann, so kann ein politischer Fehler dessen Entwicklung während langer Perioden hemmen.

Politisch-militärisch ist der Kampf, als solcher muß er entwickelt und folglich verstanden werden.

Der Guerillakrieg gelangt in seinem Wachstumsprozeß an einen Punkt, an dem sein Aktionsradius eine Region umfaßt, für deren Behauptung nicht alle Guerilleros erforderlich sind. Dann beginnt der Bienenstockeffekt, bei dem einer der Anführer, ein bewährter Guerillero, in eine andere Region wechselt und die Entwicklungsreihe des Guerillakriegs wiederholt, freilich unter einem zentralen Oberbefehl.

Hier nun ist der Hinweis angebracht, daß man nicht auf den Sieg hoffen kann ohne die Bildung eines Volksheers. Die Guerillakräfte werden sich bis zu einer bestimmten Größe ausdehnen können; die Volkskräfte in den Städten und in sonstigen für den Feind passierbaren Gebieten werden dem Feind Schaden zufügen können – aber das Militärpotential der Reaktion wird trotzdem intakt bleiben. Man muß sich immer vor Augen halten, daß das Endergebnis die Vernichtung des Gegners sein soll. Zu diesem Zweck müssen alle diese neuen Gebiete, die geschaffen werden, plus die Gebiete, die hinter den Linien des Feindes bereits Löcher bilden, zusätzlich die Kräfte, die in den wichtigsten Städten operieren, dem revolutionären Oberbefehl unterstehen. Man wird nicht verlangen können, daß die lückenlose hierarchische Befehlsstruktur besteht, die ein Heer auszeichnet, aber doch eine strategische Befehlsstruktur. Innerhalb eines bestimmten Spielraums von Handlungsfreiheit müssen die Guerillaeinheiten alle strategischen Anordnungen des zentralen Oberkommandos ausführen, das in irgendeinem der Gebiete installiert ist, in dem sichersten und stärksten, und die Bedingungen vorbereiten für die Vereinigung der Kräfte zu einem gegebenen Zeitpunkt. Gibt es weniger verlustreiche Varianten?

Der Guerillakrieg oder Befreiungskrieg hat in der Regel drei Phasen: Die erste ist die der strategischen Defensive, wo die kleine Streitmacht, die flieht, den Feind beißt; sie verkriecht sich nicht, um eine passive Verteidigung in einem kleinen Umkreis durchzuführen, sondern ihre Verteidigung besteht in den begrenzten Angriffen, die sie ausführen kann. Danach gelangt man an einen Punkt des Gleichgewichts, an dem sich die Aktionsmöglichkeiten des Feindes und der Guerilla stabilisieren, und schließlich zur Endphase der Überflügelung der Repressionsarmee, die zur Einnahme der großen Städte, zu den großen Entscheidungsschlachten, zur völligen Vernichtung des Gegners führen wird. Nachdem er den Gleichgewichtspunkt erreicht hat, an dem beide Kräfte sich gegenseitig für voll nehmen, nimmt der Guerillakrieg im Verlauf seiner weiteren Entwicklung neue Züge an. Der Begriff des Manövers beginnt Eingang zu finden; große Kolonnen, die Befestigungen angreifen; Bewegungskrieg mit Truppenverschiebung und Angriffsmittel von relativer Schlagkraft. Aber infolge der Widerstands- und Gegenangriffskapazität, die der Feind trotzdem behält, ersetzt der Krieg der Manöver nicht die Guerillaeinheiten; er ist lediglich eine Form ihres Wirkens; eine gesteigerte Quantität der Guerillastreitkräfte – bis sich aus ihr ein Volksheer mit Armeekorps herauskristallisiert. Noch in diesem Moment wird, den Aktionen der Hauptstreitkräfte vorausmarschierend, die Guerilla in ihrer „reinen" Form auftreten, indem sie Nachrichtenverbindungen zerstört, den gesamten Verteidigungsapparat des Feindes sabotiert.

Wir haben vorausgesagt, daß der Krieg kontinental sein wird. Das bedeutet auch, daß er langwierig sein wird; er wird viele Fronten haben, er wird viel Blut kosten, ungezählte Leben lange Zeit hindurch. Aber darüber hinaus bedeuten die Erscheinungen der Kräftepolarisierung, die in Amerika auftreten, die klare Trennung zwischen Ausbeutern und Ausgebeuteten, die in den zukünftigen revolutionären Kriegen vorhanden sein wird, daß im Moment der Eroberung der Macht durch die bewaffnete Avantgarde des Volkes das Land oder die Länder, denen sie gelingt, in der Gestalt des Unterdrückers gleichzeitig die Imperialisten und die einheimischen Ausbeuter liquidiert haben werden. Die erste Etappe der sozialistischen Revolution wird herauskristallisiert sein; die Völker werden bereit sein, ihre Wunden zu pflegen und den Aufbau des Sozialismus in Angriff zu nehmen.

Wird es andere, weniger blutige Möglichkeiten geben?

Es ist lange her, daß die letzte Aufteilung der Welt durchgeführt wurde, bei der die USA den Löwenanteil an unserem Kontinent abbekamen; heute formieren sich von neuem die Imperialisten der Alten Welt, und die Potenz der EWG schüchtert selbst die Nordamerikaner ein. All das könnte den Gedanken nahelegen, es bestünde die Möglichkeit, dem interimperialistischen Kampf als Zuschauer beizuwohnen, um danach vorzurücken, vielleicht im Bündnis mit den stärksten nationalen Bourgeoisien. Abgesehen davon, daß eine passive Politik niemals gute Ergebnisse im Klassenkampf zeitigt und daß die Bündnisse mit der Bourgeoisie, so revolutionär diese auch in einem bestimmten Moment scheinen mag, lediglich vorübergehenden Charakter tragen, gibt es zeitliche Gründe, die zur Einnahme eines anderen Standpunkts veranlassen. Die Verschärfung des Hauptwiderspruchs scheint in Amerika so rasend schnell vor sich zu gehen, daß sie die „normale" Entwicklung der Widersprüche im imperialistischen Lager in dessen Kampf um die Märkte stört.

Die nationalen Bourgeoisien haben sich in ihrer großen Mehrheit mit dem nordamerikanischen Imperialismus vereinigt und müssen dasselbe Schicksal wie jener im jeweiligen Land erleiden. Selbst in den Fällen, in denen es zu Bündnissen zwischen der nationalen Bourgeoisie und anderen Imperialismen bzw. zu einem Zusammenfall der Widersprüche gegenüber dem nordamerikanischen Imperialismus kommt, geschieht das im Rahmen eines grundlegenden Kampfes, der im Verlauf seiner Entwicklung notwendigerweise *alle Ausgebeuteten und alle Ausbeuter* einbeziehen wird. Die Polarisierung der antagonistischen Kräfte von Klassengegnern erfolgt bis jetzt viel schneller als die Entwicklung der Widersprüche zwischen Ausbeutern bei der Teilung der Beute. Die Lager sind zwei: Die Alternative wird klarer für jedes Individuum und für jede besondere Bevölkerungsschicht. Die Allianz für den Fortschritt ist ein Versuch, das Unaufhaltsame aufzuhalten.

Wenn jedoch der Vormarsch der EWG oder irgendeiner anderen imperialistischen Gruppe auf die amerikanischen Märkte schneller als die Entwicklung des Hauptwiderspruchs erfolgen sollte, so bliebe nur, die Volkskräfte als Keil in die geöffnete Bresche hineinzuführen, wobei diese den gesamten Kampf führen und die neuen Eindringlinge benutzen im klaren Bewußtsein von deren Endabsichten. Man darf dem Klassenfeind weder eine Position noch eine Waffe noch ein Geheimnis anvertrauen, sonst läuft man Gefahr, alles zu verlieren.

Tatsächlich ist der Ausbruch des amerikanischen Kampfes erfolgt. Wird sein Sturmzentrum in Venezuela, Guatemala, Kolumbien, Peru, Ekuador ... liegen? Werden sich die gegenwärtigen Scharmützel lediglich als Äußerung einer Unruhe erweisen, die keine Furcht gezeitigt hat? Es spielt keine Rolle, was das Ergebnis der heutigen Kämpfe ist. Es spielt keine Rolle für das Endergebnis, wenn die eine oder andere Bewegung vorübergehend vom Weg abkommt. Entscheidend ist die Kampfentschlossenheit, die von Tag zu Tag heranreift; das Bewußtsein von der Notwendigkeit der revolutionären Änderung, die Gewißheit ihrer Möglichkeit.

Das ist eine Voraussage. Wir machen sie in der Überzeugung, daß die Geschichte uns recht geben wird. Die

Analyse der objektiven und subjektiven Faktoren Amerikas und der imperialistischen Welt gibt uns die Gewähr für die Richtigkeit dieser Behauptungen, die auf der Zweiten Deklaration von Havanna fußen.

Der Guerillakrieg

An Camilo

Die vorliegende Arbeit sollte unter dem Patronat vom Camilo Cienfuegos entstehen; er sollte sie lesen und korrigieren. Leider war es ihm nicht beschieden, diese Hilfe zu leisten. Mit dieser Schrift will die Rebellenarmee Kubas ihrem hervorragenden Comandante, dem größten aus der Revolution hervorgegangenen Guerillaführer, dem aufrichtigen Kämpfer und ihrem brüderlichen Freund, die ihm gebührende Ehre erweisen.

Camilo hat an Hunderten von Kämpfen teilgenommen und genoß auch in den schwersten Tagen des Krieges das unbegrenzte Vertrauen Fidel Castros. Er war jederzeit bereit, sich selbst zu opfern. Das stählte seinen Charakter und auch den der Guerilleros. Ich bin überzeugt, daß er diese Schrift gutheißen würde, in der die Erfahrungen unseres Guerillakampfes dargelegt werden, des Kampfes, der unser Leben bestimmt. Er war es, der diesem Kampf sein sprühendes Temperament, sein Wissen und seinen Mut eingab, Eigenschaften, die bei ihm in einem Maß ausgeprägt waren wie bei nur wenigen Persönlichkeiten der Geschichte.

Camilo ist kein einsamer Held, der seine großartigen Ruhmestaten nur aus sich selbst heraus vollbrachte. Er ist ein Mensch aus dem Volk, das ihn im Verlauf erbitterter und schwerer Kämpfe erzogen hat.

Ich weiß nicht, ob Camilo den Ausspruch Dantons über den revolutionären Kampf „Mut, Mut und nochmals Mut!“ gekannt hat. Auf alle Fälle hat er nach ihm gehandelt und ihn zum ständigen Maßstab seines Handelns in von ihm geleiteten Guerillaaktionen gemacht. Von ihm geleitet, forderte er schnelle und präzise Beurteilung der Lage und das rechtzeitige Studium der zu lösenden Aufgaben.

Wenn wir mit dieser Arbeit unserem Helden die ihm gebührende Ehre erweisen, bedeutet das nicht, daß wir sein Leben oder dessen interessanteste Episoden schildern möchten, obwohl jeder Tag aus dem Leben dieses bewundernswerten Menschen das verdienen würde.

Seine besonderen Charakterzüge waren der ungezwungene Umgang mit den Menschen und die tiefe Achtung gegenüber dem Volk. Bisweilen übersehen wir noch eine Eigenschaft, die Camilo in hohem Maße besaß: sich ganz für die Durchsetzung der gestellten Aufgaben einzusetzen. Derart wertvolle Eigenschaften haben nur wenige Menschen. Fidel Castro wies darauf hin, daß Camilo sein Wissen nicht nur aus Büchern geschöpft hat, sondern auch ein Mensch von großer Begabung war. Das Volk hatte ihn unter Tausenden erwählt, mit einer hohen Verantwortung betraut. Damit zollte es seinem Mut, seiner Beharrlichkeit, seinem Wissen und seiner unbegrenzten Ergebenheit gegenüber der Sache der Revolution große Anerkennung.

Treue war Camilos höchste Verpflichtung. Er war auch Fidel Castro treu, der wie kein zweiter den Willen des Volkes und das Volk selbst verkörpert. Das Volk und Fidel Castro sind eine Einheit. Das war es auch, wovon sich der unbesiegbare Guerillero in allem leiten ließ.

Wer hat Camilo getötet, oder, besser gesagt, wer hat ihn physisch vernichtet? Denn er wird im Gedenken des Volkes ewig leben.

Der Feind hat ihn getötet!

Er hat ihn umgebracht, weil er seinen Tod wollte. Camilo starb, weil es absolut sichere Flugzeuge nicht gibt, weil die Piloten nicht alle Zufälle vorausberechnen können, weil er – durch Arbeit überlastet – in wenigen Stunden in Havanna sein wollte. Camilo ist der Gefahr nie aus dem Wege gegangen, er hat ihr immer mutig ins Auge geschaut, hat sie verlacht, wie ein Torero verhöhnt und sich ihr im Zweikampf gestellt. Es wollte einfach nicht in sein Guerillerobewußtsein eingehen, daß ihn irgend etwas aufhalten oder veranlassen könnte, von seinem Wege abzuweichen.

Das ganze Volk Kubas kannte, liebte und verehrte ihn. Das revolutionäre kubanische Volk trug ihn empor. Solche wie Camilo wird es noch viele geben, sagte Fidel Castro. Ich möchte dem hinzufügen, daß es solche Helden wie Camilo viele bei uns gegeben hat. Er war unter ihnen einer der tapfersten und größten. Nicht zuletzt deshalb ist er auch in die Geschichte eingegangen.

Camilo und seinesgleichen geben denen, die unsere Siege nicht miterlebt haben, und allen, die nach uns kommen, ein anschauliches Beispiel für die Kraft eines Volkes, das zur Verteidigung seiner Ideale Krieg führt und an den Triumph seiner edlen Ziele glaubt.

Wir wollen hier die Vorzüge und Verdienste Camilos nicht glorifizieren und hervorheben. Sie würden dadurch nur geschmälert. Bei aller Zurückhaltung können wir aber sagen, daß es in unserem Befreiungskrieg keinen besseren Soldaten gab als Camilo. Ein standhafter Revolutionär, ein Mann aus dem Volk, einer der Initiatoren der Revolution des kubanischen Volkes, kannte er keine Müdigkeit und Entmutigung. Der Guerillero Camilo war ein Mann der Tat, der in die Geschichte der kubanischen Revolution einging.

Dieser ewig junge und unsterbliche Camilo ist ein Abbild unseres Volkes.

Allgemeine Prinzipien des Guerillakrieges

1. Das Wesen des Guerillakrieges

Der Sieg des kubanischen Volkes über die Diktatur Batistas war nicht nur ein Triumph, der sofort von allen Nachrichtenagenturen über den ganzen Erdball verbreitet wurde. Dieser Sieg widerlegte auch die veralteten Vorstellungen über die Völker Lateinamerikas und demonstrierte anschaulich, wie sich ein Volk durch den Guerillakrieg von einem Unterdrückerregime zu befreien vermag.

Aus den Erfahrungen der kubanischen Revolution kann man für die revolutionäre Bewegung auf dem lateinamerikanischen Kontinent drei wichtige Lehren ziehen:

1. können die Kräfte des Volkes im Krieg gegen eine reguläre Armee den Sieg davontragen;

2. muß man nicht immer warten, bis alle Bedingungen für eine Revolution herangereift sind, die Führung des Aufstands kann solche Bedingungen selbst schaffen;

3. muß der bewaffnete Kampf in den schwachentwikkelten Ländern des lateinamerikanischen Kontinents hauptsächlich in den landwirtschaftlichen Gebieten geführt werden.

Von diesen drei Lehren entlarven die ersten beiden die Passivität all der Revolutionäre oder, richtiger gesagt, der Pseudorevolutionäre, die ihre Untätigkeit mit Geschwätz über die Unbesiegbarkeit einer regulären Armee zu rechtfertigen suchen. Sie widerlegen auch jene, die warten möchten, bis alle notwendigen subjektiven Bedingungen einer Revolution wie die objektiven von selbst herangewachsen sind, und die nichts dazu tun, diesen Prozeß zu beschleunigen. Diese zwei in unserer Zeit unantastbaren Wahrheiten wurden seinerzeit auch in Kuba erörtert und werden möglicherweise heute noch in anderen Ländern Lateinamerikas Gegenstand von Erörterungen sein.

Wenn man über die für eine Revolution notwendigen Bedingungen spricht, kann man natürlich nicht annehmen, daß die Gesamtheit aller Bedingungen von der Führung des Aufstands geschaffen werden kann. Man muß stets davon ausgehen, daß ein Minimum dieser Bedingungen immer vorhanden ist, wodurch die Bildung und Festigung eines ersten Zentrums der Guerilla ermöglicht wird.

Mit anderen Worten, man muß dem Volk klarmachen, daß der Kampf um soziale Gerechtigkeit nicht allein mit friedlichen Mitteln geführt werden kann. Der Frieden wird doch gerade durch die Ausbeuterklassen verletzt, die sich in ungesetzlicher Weise an der Macht halten.

Bedingt durch seine wachsende Unzufriedenheit, geht das Volk zu immer entschlosseneren Kampfformen über; sein revolutionärer Elan nimmt zu, um schließlich im aktiven Widerstand zu münden, der zu einem bestimmten Zeitpunkt zum Ausbruch des offenen Kampfes führt und der letztlich von den Machthabern selbst heraufbeschworen wird.

Dort, wo ein Unterdrückerregime auf mehr oder weniger demokratischem Wege an die Macht gelangt ist (sei es sogar einmal ohne Wahlfälschungen) und wo wenigstens dem Anschein nach die verfassungsmäßige Gesetzlichkeit gewahrt wird, kann keine Guerillabewegung entstehen, weil die Möglichkeiten des Kampfes mit friedlichen Mitteln noch nicht ausgeschöpft sind.

Die dritte Lehre aus der kubanischen Revolution hat hauptsächlich strategische Bedeutung und verdient die Aufmerksamkeit derer, die sich von dogmatischen Auffassungen leiten lassen, den Kampf der Massen in den Städten konzentrieren wollen und dabei völlig die gewaltige Rolle der Landbevölkerung im Leben aller schwachentwickelten Länder Amerikas vergessen. Das bedeutet natürlich nicht, daß der Kampf der organisierten Massen des Proletariats von uns außer acht gelassen wird. Wir analysieren hier lediglich die realen Möglichkeiten der bewaffneten Kampfführung unter solch schwierigen Bedingungen, da die durch die Verfassung garantierten demokratischen Rechte und Freiheiten in Wirklichkeit nicht existieren oder je nach Bedarf verletzt werden. Unter solchen Bedingungen müssen die Arbeiter illegal und ohne Anwendung von Waffen handeln. Das ist für sie überaus gefährlich. Eine weniger komplizierte Lage besteht in ländlichen Gebieten, in denen die Bewohner von den bewaffneten Guerillaeinheiten unterstützt werden, und in solchen Gebieten, die für Militär und Polizei unzugänglich sind.

Im weiteren analysieren wir gründlich die sich aus der kubanischen Revolution ergebenden drei Lehren. Untersuchen wir zunächst ihre Wissenschaftlichkeit:

Der Guerillakrieg, der die hauptsächliche Kampfform eines Volkes ist, das für seine Befreiung kämpft, hat viele Besonderheiten. Seine wesentlichste Besonderheit ist aber immer und überall die gleiche, nämlich das Streben des Volkes nach Freiheit. Es ist offensichtlich – und es wurde schon sehr viel darüber geschrieben –, daß der Krieg bestimmten Gesetzmäßigkeiten unterliegt, und alle diejenigen, die diese Tatsache bestreiten, werden eine Niederlage erleiden. Der Guerillakrieg, der nur eine Phase eines Krieges ist, unterliegt demzufolge den gleichen Bedingungen wie dieser. Durch seinen spezifischen Charakter unterliegt er aber außerdem noch einer Reihe eigener Gesetzmäßigkeiten, die man unbedingt beachten muß, wenn man erfolgreich sein will. Natürlich bestimmen die geographischen und sozialen Verhältnisse eines Landes die Besonderheiten des Charakters und der Formen, die der Guerillakampf in jedem konkreten Fall annimmt. Seine hauptsächlichen Gesetzmäßigkeiten aber sind stets gültig.

Wir wollen deshalb das Grundsätzliche dieser Kampfesweise darlegen sowie die Regeln herausarbeiten, die ein Volk befolgen muß, wenn es seine Freiheit erkämpfen, das Erreichte festigen und die dabei gewonnenen Erfahrungen zum Nutzen aller anderen vermitteln will.

Vor allem muß man sich darüber klar sein, wer sich im Guerillakrieg gegenübersteht.

Auf der einen Seite sind es eine Handvoll Unterdrükker und deren Lakaien, von denen die reguläre Armee eingesetzt wird. Diese Armee ist gut bewaffnet und diszipliniert und kann oftmals noch auf ausländische Unterstützung rechnen. Weiterhin ist da noch eine kleine bürokratische Gruppe, die im Dienst dieser Handvoll Unterdrücker steht. Auf der anderen Seite steht die Bevölkerung dieses oder jenes Landes oder Gebietes. Es ist wichtig festzustellen, daß der Guerillakampf ein Kampf der Massen ist, daß die Guerillaeinheiten der bewaffnete Kern, die kämpfende Avantgarde des Volkes sind. Die große Kraft der Guerillaeinheiten besteht darin, daß sie sich auf die Bevölkerung stützen können. Die zahlenmäßige Überlegenheit des Gegners hebt diese nicht auf, auch dann nicht, wenn die Feuerkraft der Guerillaeinheiten geringer ist als die der ihr gegenüberstehenden regulären Truppen. Deshalb kann und muß man zum Guerillakrieg übergehen, wenn man über eine entsprechend große Unterstützung in der Bevölkerung verfügt und sich gegen die Repression mit einer unendlich kleinen Zahl von Waffen verteidigen kann.

Die Guerilleros müssen sich dabei der allseitigen Unterstützung der örtlichen Bevölkerung sicher sein. Das ist eine unbedingte Voraussetzung. Nehmen wir, um diese Notwendigkeit verständlich zu machen, das Beispiel einer Räuberbande, die in dem einen oder anderen Gebiet ihr Unwesen treibt. Eine solche Bande hat möglicherweise alle Attribute einer Guerillaeinheit – Geschlossenheit, Achtung gegenüber dem Anführer, Mut, genaue Kenntnis der Örtlichkeit und oftmals sogar eine richtig angewandte Taktik – bis auf eines: Sie wird von der Bevölkerung nicht unterstützt. Nur deshalb können die Machtorgane des Staates eine solche Bande aufspüren und vernichten.

Wenn wir den Charakter des Kampfes der Guerillaeinheiten analysieren, die Formen ihres Kampfes und die Bedeutung seiner Massenbasis als des wichtigsten Moments dieses Kampfes verstehen, bleibt nur noch zu klären, wofür der Guerillero kämpft. Hier gelangen wir unweigerlich zu der Schlußfolgerung, daß er ein Umgestalter der Gesellschaft ist. Er nimmt die Waffe in die Hand und ist ein Vollstrecker des zornigen Protests seines Volkes, das sich gegen seine Unterdrücker erhoben hat. Er kämpft für die Veränderung der gesellschaftlichen Verhältnisse, die seine waffenlosen Brüder in Rechtlosigkeit und Elend halten. Er tritt gegen die im gegebenen Lande im gegebenen Augenblick bestehenden gesellschaftlichen Einrichtungen auf und wird, wenn es ihm die Bedingungen gestatten, die Basis dieser Einrichtungen mit aller Entschlossenheit vernichten.

Wenn wir die Taktik des Guerillakrieges einer noch gründlicheren Analyse unterziehen, werden wir sehen, daß der Guerillero das Gelände, in dem er kämpft, seine Zugänge und Rückzugswege bis in alle Einzelheiten kennen muß. Er muß schnell handeln und selbstverständlich der Unterstützung der Bevölkerung sicher sein, ebenso wie er alle Stellen kennen muß, an denen er sich verbergen kann. Daraus folgt, daß der Guerillero in ländlichen und wenig besiedelten Gebieten kämpfen wird. Da aber in den ländlichen Gebieten der

Kampf des Volkes um seine Rechte, vor allem um die Veränderung der bestehenden Verhältnisse in der Bodennutzung geführt wird, tritt der Guerillero vor allen Dingen als Kämpfer für die Agrarreform auf. Er unterstützt den Willen der breiten Masse der Bauern, die den Wunsch haben, zu Herren ihrer Produktionsmittel, ihres Bodens, ihres Viehbestands und all dessen zu werden, was sie in vielen langen Jahren erstrebt haben und das für sie die Lebensgrundlage bedeutet.

Wenn man über den Guerillakrieg spricht, muß man zwei Typen unterscheiden. Ein Typ ist der Partisanenkrieg, der die Operationen einer großen regulären Armee ergänzt, wie zum Beispiel die Aktionen der ukrainischen Partisanen in der Sowjetunion. Er soll nicht Gegenstand unserer Erörterungen sein. Uns interessiert ein anderer Typ des Guerillakriegs, und zwar der bewaffneter Abteilungen, die erfolgreich gegen die Machthaber in kolonialen und halbkolonialen Ländern kämpfen und der sich auf der Basis des Kampfes in landwirtschaftlichen Gebieten herausbildet. In all diesen Fällen ist das Streben nach Boden die ökonomische Grundlage dieses Kampfes, ganz gleich, welche Idee die Kämpfer sonst begeistert.

Mao Tse-tung hatte den bewaffneten Kampf im Süden Chinas mit Arbeitergruppen begonnen, die aber zerschlagen und fast vollständig vernichtet wurden. Die Lage stabilisierte sich erst, und die ersten Erfolge stellten sich ein, als nach dem „langen Marsch“ in den Norden der Kampf in ländliche Gebiete verlagert und die Forderung nach einer Agrarreform zur Hauptlosung geworden war.

Der Kampf, den Ho Chi Minh in Indochina führte, stützte sich auf die Reisbauern, die unter der französischen Knute litten. Mit ihrer Hilfe wurden die Kolonialisten verjagt. In beiden angeführten Beispielen wurde der patriotische Krieg gleichzeitig gegen die japanischen Interventen geführt. Aber die ökonomische Grundlage blieb dieselbe: Kampf um Grund und Boden.

Der Heldenkampf des algerischen Volkes um seine nationale Unabhängigkeit hat seine ökonomische Grundlage darin, daß sich fast die ganze landwirtschaftliche Nutzfläche Algeriens in den Händen einer Million Franzosen befindet.

In einigen Ländern, wie zum Beispiel in Puerto Rico, wo es aufgrund besonderer Gegebenheiten nicht möglich war, einen Guerillakampf zu entfachen, beruht die Idee der nationalen Unabhängigkeit, an der sich die unterdrückte ländliche Bevölkerung begeistert, auf dem Bestreben der Bauern (in vielen Fällen sind sie schon Landproletarier geworden), das Land, das ihnen die amerikanischen Eroberer weggenommen haben, wiederzuerhalten.

Dieser Leitgedanke hat auch, wenngleich mit unterschiedlicher Kraft, die kleinen Landwirte, die Bauern und Landarbeiter des östlichen Kubas begeistert, als sie sich in den dreißiger Jahren zum Befreiungskrieg zusammenschlossen, um ihr Recht auf Grund und Boden gemeinsam zu verteidigen.

Ungeachtet der besonderen Bedingungen, die all diese Bewegungen zu militärischen Aktionen werden ließen, und unter Berücksichtigung der Möglichkeiten zur Entwicklung des Guerillakrieges, der sich durch die größer werdende Schlagkraft des operierenden Zentrums in einen Stellungskrieg umwandelt, muß man diese Art des Kampfes als einen Keim, als den Beginn eines Krieges regulärer Armeen ansehen.

Es gibt viele Möglichkeiten zur Verstärkung der Guerillaeinheiten und zur Umwandlung ihrer Kampfesweise bis zu der eines Offensivkrieges regulärer Truppen, wie die Möglichkeit, den Feind in einer einzelnen Schlacht, in Gefechten oder in anderen kleinen bewaffneten Auseinandersetzungen zu vernichten. Wesentlich ist, daß man auf keinen Fall Kampfhandlungen, in welchem Ausmaß es auch sein mag, beginnt, wenn der Erfolg nicht von Anfang an gewährleistet ist.

Es gibt hierzu folgenden, nicht sehr schmeichelhaften Ausspruch: „Der Guerillero ist der Jesuit des Krieges." Damit soll gesagt werden, daß sich der Guerillero durch Verwegenheit sowie durch die Fähigkeit, den Faktor der Überraschung auszunutzen und seine Aktionen unter dem Schutze der Nacht durchzuführen und sich danach schnell zurückzuziehen, auszeichnet. Diese Eigenschaften sind die Hauptelemente des Guerillakampfes. Natürlich ist das ein Jesuitentum besonderer Art, das sich durch die Umstände ergibt. Hier werden Entscheidungen getroffen, die sich wesentlich von den romantischen, den Regeln eines Sportwettkampfes ähnelnden Vorstellungen unterscheiden, von denen man behauptet, daß man sie auch im Krieg zu beachten habe.

Krieg bedeutet stets Kampf, in dem jede der kämpfenden Seiten die andere zu vernichten trachtet. Deshalb gibt es neben der Anwendung von Gewalt auch die verschiedensten Hinterhalte und Manöver, damit Resultate erzielt werden. Militärische Strategie und Taktik sind die Begriffe für die Ziele und die Aufgaben, die eine militärische Gruppierung zu lösen hat, sowie für die Art und Weise, wie diese Ziele zu erringen sind, wobei man alle schwachen Punkte des Gegners ausnutzt.

Wenn man die Kampfhandlungen einzelner Einheiten einer großen Armee betrachtet, kann man die gleichen Besonderheiten der Kampfführung feststellen, wie sie auch dem Guerillakrieg eigen sind. Auch hier gibt es Kühnheit, die Ausnutzung des Überraschungsfaktors und den Nachtkampf. Wenn diese Faktoren nicht in jedem Falle genutzt werden, liegt das lediglich daran, daß es nicht immer gelingt, die Wachsamkeit des Gegners einzuschläfern. Weil aber die Guerillaeinheit eine einzelne und selbständig operierende Gruppe ist und den Guerillakrieg außerdem auf einem umfangreichen Territorium führen kann, das vom Gegner nicht zu kontrollieren ist, können die Guerilleros immer den Überraschungsfaktor nutzen. Ja, es ist sogar ihre Pflicht, dies zu tun. „Beißen und ausreißen", hört man manchmal in geringschätzigem Ton über die Aktionen der Guerilleros sagen. Genau so handeln sie auch: beißen, sich zurückziehen, warten, Hinterhalt legen, wieder zuschlagen und sich erneut zurückziehen und dem Feind keine Ruhe lassen. Auf den ersten Blick mag es scheinen, daß diese Tendenz, sich zurückzuziehen und dem offenen Kampf auszuweichen, etwas Negatives sei. In Wirklichkeit ist das nur die Besonderheit des Guerillakampfes, dessen Endziel dem eines beliebigen anderen Krieges durchaus gleicht und darin besteht, zu siegen und den Gegner zu vernichten.

Genauer gesagt, ist der Guerillakrieg nur eine Etappe eines Krieges regulärer Streitkräfte, und deshalb kann durch den Guerillakrieg allein die Entscheidung nie errungen werden. Der von uns hier betrachtete Guerillakrieg ist eine der ersten Etappen eines Krieges; er entwickelt sich bis zu dem Stadium, in dem die sich ständig vergrößernde Guerillaarmee den Charakter einer regulären Armee annimmt. Erst mit diesem Moment ist sie in der Lage, entscheidende Schläge gegen den Feind zu führen und den Sieg zu erringen. Der Sieg wird stets das Ergebnis der Operationen einer regulären Armee sein, wenngleich sie im Kampf der Guerillaarmee geboren wird.

Ebenso wie im modernen Krieg der Kommandeur irgendeiner Division nicht das Recht hat, sein Leben lediglich zur Begeisterung seiner Soldaten zu opfern, ebenso soll auch der Guerillero, der ja sein eigener Kommandeur ist, nicht ohne zwingende Notwendigkeit sein Leben riskieren. Er soll zwar bereit sein, sein Leben einzusetzen, aber nur gegen einen hohen Preis.

Die Besonderheit des Guerillakrieges besteht auch darin, daß jeder Kämpfer bereit sein muß zu sterben, aber nicht zu sterben irgendeines beliebigen Ideals wegen, sondern zur Verwirklichung des Ideals, um dessentwillen der Guerillakrieg geführt wird. Das ist das Grundlegende und das Wesen des Guerillakampfes. Nur so erklärt sich das Wunder, daß eine kleine Gruppe, die bewaffnete Avantgarde der sie unterstützenden Volksmassen, immer neue taktische Aufgaben lösen kann. Der Guerillero kämpft entschlossen für die Vernichtung der alten Gesellschaftsordnung und für die Schaffung einer neuen: für soziale Gerechtigkeit.

Angesichts dieses Ziels können alle geringschätzigen Äußerungen über die Guerilleros deren wirkliche Größe auch nicht um einen Deut verkleinern. Die Methoden der Guerilleros als unwürdig zu erklären, heißt die Wahrheit entstellen. Die Methoden des Guerillakampfes, die unverminderte Standhaftigkeit und die Unbeugsamkeit der Guerilleros angesichts der großen Schwierigkeiten, die ihnen auf dem Weg zum Ziel entgegentreten, sprechen ausschließlich für die Größe der Guerilleros.

2. Die Guerillastrategie

Unter Strategie versteht man in der militärischen Terminologie vor allem die Fixierung der Ziele des Krieges und, ausgehend von der allgemeinen militärischen Situation, die Erarbeitung allgemeiner Formen und Methoden zu dessen Erreichung.

Für eine richtige Strategie des Guerillakrieges ist es unerläßlich, die Tätigkeit des Feindes sorgfältig zu analysieren. Das Ziel eines jeden Krieges besteht in der vollständigen Vernichtung der gegnerischen Kräfte. Der Bürgerkrieg des hier zu analysierenden Typs ist dafür ein klassisches Beispiel, denn der Gegner wird mit allen Mitteln versuchen, jede einzelne Guerillaeinheit völlig zu vernichten. Deshalb müssen die Guerilleros, wenn sie siegen wollen, genau die Mittel kennen, die der Gegner anwendet. Sie müssen Bescheid wissen über seine zahlenmäßige Stärke, über seine Transportmittel, seine Bewaffnung und seine Pläne, wie er die Kampfhandlungen führen wird und ob er von der Bevölkerung unterstützt wird. In Übereinstimmung mit dieser Analyse müssen die Guerilleros ihre Strategie aufbauen, wobei sie nie das Endziel, die Vernichtung der feindlichen Armee, aus den Augen verlieren dürfen.

Unumgänglich ist auch das Studium folgender Fragen: die Bewaffnung des Gegners, seine Methoden in der Anwendung der Waffen, die Bedeutung von Panzern und Flugzeugen im Guerillakrieg; Fragen der Munitionsbeschaffung und der Besonderheiten der gegnerischen Kampfführung.

Keinesfalls darf dabei vergessen werden, daß die Versorgung der Guerilleros mit Waffen im wesentlichen auf Kosten der Bewaffnung des Gegners erfolgen muß. Bei der Bewaffnung der Guerilleros ist den Waffentypen der Vorzug zu geben, die auch vom Gegner benutzt werden. Nur so ist die schrecklichste Plage für eine Guerillaeinheit, der Mangel an Munition, zu beheben. Auch damit muß der Gegner die Guerilleros „versorgen“.

Bei der Untersuchung und Festlegung des Wichtigkeitsgrades der vorgesehenen Aufgaben muß ein Maßnahmeplan zur Erreichung des Endziels erarbeitet werden. Dabei sind auch unvorhergesehene Zwischenfälle einzukalkulieren, die im Verlauf des Krieges eintreten können.

In der ersten Etappe des Guerillakampfes besteht die Hauptaufgabe der Guerilleros darin, der Vernichtung durch den Gegner unter allen Umständen zu entgehen. Dabei wird es den Guerilleros mit jedem Tag leichter werden, sich ihrer neuen Lebensweise anzupassen, sich besser zu versorgen und den zu ihrer Verfolgung eingesetzten Gegner irrezuführen. Danach müssen sie für den Gegner unzugängliche Stellungen beziehen und erreichen, daß er von weiteren Angriffen auf die Einheit Abstand nimmt. Ist das erreicht, muß man dazu übergehen, den Feind nach und nach zu zermürben und seine Kräfte, die er im ersten Augenblick gegen die Guerilleros in unmittelbarer Nähe des Herdes aktiver Kampfhandlungen eingesetzt hatte, zum Erlahmen zu bringen. Später aber, wenn die Guerilleros in die Tiefe der feindlichen Gebiete eingedrungen sind, müssen sie die Einrichtungen des Gegners überfallen, ihn angreifen, ihn nicht einmal in seiner eigenen Höhle in Ruhe lassen und ihn nach Möglichkeit ständig verfolgen.

Die Schläge müssen pausenlos erfolgen. Die Guerilleros dürfen den feindlichen Soldaten im Operationsgebiet keine Ruhe lassen, müssen systematisch das feindliche Verbindungswesen stören und seine Verbindungsleute liquidieren. Der Gegner muß, sei es im Gebirge oder in der Ebene, bei Tag und Nacht den Eindruck haben, umzingelt zu sein. Für all diese Aktionen sind das Zusammenwirken mit der Bevölkerung und ausgezeichnete Geländekenntnisse unerläßlich. Das muß der Guerillero stets beachten.

Gleichzeitig mit der Schaffung von Organen zum Studium der augenblicklichen und der zukünftigen Operationsgebiete muß eine intensive politische Arbeit unter der Bevölkerung durchgeführt werden. Es gilt dabei, den Menschen die Ursachen und Ziele der Revolution zu erläutern und sie von der unwiderlegbaren Wahrheit zu überzeugen, daß das Volk unbesiegbar ist. Wer diese Wahrheit nicht begriffen hat, kann kein Guerillero sein.

Die politische Arbeit unter der Bevölkerung muß vor allen Dingen unter dem Gesichtspunkt einer Erhöhung der Wachsamkeit geleistet werden. Jeder Bauer und jeder Bewohner von Gebieten, in denen Guerilleros operieren, ist anzuhalten, niemandem zu erzählen, was er gesehen oder gehört hat. Außerdem gilt es, sich die Mitarbeit jener Menschen zu sichern, an deren Treue zur Revolution kein Zweifel besteht. Sie können zur Nachrichtenübermittlung, zur Besorgung von Lebensmitteln und Waffen und auch als Führer der Guerilleros in den ihnen gut bekannten Gebieten herangezogen werden. Später kann man dann mit den organisierten Massen in den Arbeitergebieten zusammenarbeiten. Das Ergebnis dieser Zusammenarbeit muß der Generalstreik sein.

Der Streik ist im Bürgerkrieg ein überaus wichtiger Faktor. Um aber so weit zu kommen, sind eine Reihe zusätzlicher Bedingungen erforderlich, die nicht immer vorhanden sind. Diese Bedingungen können nur geschaffen werden, wenn den Volksmassen die Ursachen und Ziele der Revolution beharrlich immer wieder dargelegt und erläutert werden.

Die Guerilleros können auch kleinere Gruppen, deren Angehörige fest miteinander verbunden sind und die ihre Fähgkeiten bereits im Kampf bewiesen haben, zur Durchführung von Sabotageakten einsetzen. Die Sabotage ist eine mächtige Waffe der Guerilla. Durch die Tätigkeit solcher Gruppen kann man eine ganze Armee paralysieren, das industrielle Leben eines ganzen Gebietes zerstören und die Arbeit einer ganzen Stadt lahmlegen, sie ohne elektrischen Strom, ohne Wasser und Verbindungsmittel lassen und bewirken, daß sich die Bewohner dieser Stadt nur noch zu bestimmten Zeiten auf die Straße wagen. Wird das erreicht, sinkt die Kampfmoral des Gegners, und die Früchte der revolutionären Tätigkeit reifen schneller und brauchen zum gegebenen Zeitpunkt nur noch gepflückt zu werden.

Diese Aktionen setzen aber eine Erweiterung des Territoriums voraus, auf dem die Guerillaeinheiten operieren, wobei jedoch niemals eine übermäßige Erweiterung dieses Gebiets anzustreben ist. Es muß stets eine zuverlässige Basis zur Entwicklung der Kampfhandlungen gewahrt werden, die es im Verlauf des Krieges zu festigen gilt. Bei der politischen Arbeit unter der Bevölkerung muß man alle Formen der Aufklärung anwenden. Alle Maßnahmen müssen sich gegen die unversöhnlichen Feinde der Revolution richten. Innerhalb der Grenzen des Operationsgebiets müssen die Guerilleros ihre Verteidigungsanlagen – Schützengräben, Minenfelder und auch die verschiedenen Kommunikationen – vervollkommnen.

Wenn eine Guerillaeinheit eine ausreichend starke Feuerkraft und Kämpferzahl erreicht hat, empfiehlt es sich, bei weiterem Zuwachs neue Gruppen zu bilden. Diese Maßnahme ähnelt dem Verhalten eines Bienenvolkes, das sich zu einem gegebenen Zeitpunkt teilt, ein zweites Volk bildet und in ein anderes Gebiet entläßt. Nicht anders handeln die Guerilleros, ein „Völkchen" bleibt mit seinem erfahrenen Kommandeur in dem bisherigen Operationsgebiet und entsendet das neue Guerilla„völkchen" tiefer in das feindliche Gebiet, wo es den vorstehend beschriebenen Zyklus wiederholt.

Schließlich kommt der Zeitpunkt, da das von den Guerilleros besetzte Gebiet zu klein wird und sie in solche Bezirke eindringen, in denen sie mit stärkeren Kräften des Gegners in Berührung kommen. In diesem Falle vereinigen sich die Guerillaeinheiten, bilden eine einheitliche Front und führen den Krieg wie eine reguläre Armee weiter. Man darf jedoch dabei nicht zulassen, daß der Kern der Guerillaarmee die Verbindung zur Basis verliert. Es empfiehlt sich, im Hinterland des Feindes immer neue Guerillaeinheiten zu bilden, die tief in das feindliche Territorium eindringen.

Geht man so vor, kann man größere Angriffsoperationen ausführen, ganze Garnisonen des Gegners umzingeln und seine Befestigungen vernichten, wobei man sich auf die immer entschlosseneren Aktionen der Massen im eigenen Lande stützen kann; dadurch wird das Ziel, der vollständige Sieg über den Gegner, schneller erreicht.

3. Die Guerillataktik

Militärisch versteht man unter Taktik die praktische Art der Verwirklichung der strategischen Ziele und Aufgaben.

Die Taktik ist der Strategie untergeordnet, handelt in ihrem Interesse und verwirklicht die Ziele, die von der Strategie gestellt werden. Dabei muß man in jeder Etappe des Kampfes stets beweglichere und variablere Mittel und Methoden anwenden als die, die anfänglich zur Erreichung des Ziels für möglich gehalten wurden. Es gibt taktische Aufgaben, die im Verlauf des ganzen Krieges unverändert bleiben, und taktische Ziele, die sich verändern. Das erste jedoch, was ein Guerillero bei seinen taktischen Maßnahmen immer beachten muß, sind die Absichten des Gegners.

Die wichtigste Besonderheit einer Guerillaeinheit besteht in ihrer Beweglichkeit. Sie erlaubt es ihr, sich wenn nötig in wenigen Minuten weit vom Kampfplatz und innerhalb weniger Stunden ganz aus der Operationszone zurückzuziehen. Die Einheit erhält durch sie die Möglichkeit, den Gegner ständig an anderen Orten anzugreifen und selbst einer Einkreisung zu entgehen.

In bestimmten Etappen des Krieges kann sich die Guerillaeinheit ausschließlich damit befassen müssen, eine Einkreisung durch den zahlenmäßig und an Bewaffnung überlegenen Gegner zu verhindern, denn die

Einkreisung ist die einzige Möglichkeit, die Guerilleros in Kämpfe zu verwickeln, die für sie einen ungünstigen Ausgang nehmen könnten.

Eine Guerillaeinheit kann aber unter bestimmten Umständen auch Operationen durchführen, die eine Einkreisung durch den Gegner begünstigen. Dieses Manöver wird folgendermaßen durchgeführt: Eine kleinere Gruppe von Guerilleros wird in irgendeinen Bezirk geschickt mit dem Ziel, den Gegner irrezuführen. Wird sie vom Gegner umzingelt, leistet sie hartnäckigen Widerstand. In diesem Moment greifen dann starke Guerillakräfte in den Kampf ein, die einen äußeren Ring um den Gegner schließen, ihn vernichten und seine Ausrüstung erbeuten.

Eine andere Methode dieser beweglichen Kriegführung ist der „Guerillamenuettwalzer". Die Besonderheit dieses Vorgehens besteht darin, daß eine Guerillaeinheit eine feindliche Stellung, zum Beispiel die Vorposten des Gegners, umzingelt. Diese gegnerische Einheit wird vollständig von allen vier Seiten mit je fünf bis sechs Mann auf jeder Seite eingekreist und, um selbst nicht eingeschlossen zu werden, aus entsprechender Entfernung bekämpft. Eine dieser Seitengruppen beginnt nun den Angriff mit dem Erfolg, daß der Gegner seine ganze Feuerkraft auf diese Gruppe richtet. Die angreifende Guerillaeinheit zieht sich daraufhin zurück, wobei sie den Gegner ständig beobachtet, und da beginnt eine zweite Gruppe von einer anderen Seite aus, den Gegner unter Feuer zu nehmen. Der angegriffene Gegner wird jetzt die vorstehend beschriebene Operation wiederholen, die zweite Angriffsgruppe der Guerilla zieht sich zurück, und eine dritte Gruppe beginnt das gleiche Manöver.

Wenn eine solche Operation folgerichtig durchgeführt wird, setzt man sich keinem allzu großen Risiko aus und kann auf diese Weise ganze feindliche Kolonnen binden, sie veranlassen, große Mengen Munition zu verschießen, und die Kampfmoral der Truppen des Gegners empfindlich schwächen.

Es empfiehlt sich, in gleicher Weise auch nachts zu operieren, wobei man sich dem Gegner weitestgehend nähern und ein hohes Maß an Kühnheit beweisen muß, weil seine Einkreisung unter diesen Bedingungen bedeutend schwieriger ist.

Die Nacht ist ein weiterer wichtiger Faktor bei den Aktionen der Guerilla. Sie begünstigt das Vordringen der Einheiten zu den für den Angriff bestimmten Positionen. Nachts können auch Operationen auf ungenügend bekanntem Territorium durchgeführt werden, wo die Gefahr der Denunziation über die Operationen der Guerilleros besteht. Selbstverständlich sind zahlenmäßig kleine Einheiten immer dazu gezwungen, den Feind überraschend zu überfallen. Dieser große Vorzug gestattet es den Guerilleros, dem Gegner Schaden zuzufügen, ohne eigene Verluste zu erleiden.

In einem Kampf, in dem auf der Seite des Gegners 100 Mann teilnehmen und auf der Seite der Guerilla nur 10, sind die Verluste für jede der beiden Seiten nicht gleichermaßen empfindlich. Der Gegner kann seine Verluste schnell wieder auffüllen, wobei ein verlorener Soldat im angegebenen Fall nur einem Prozent entspricht. Eine Guerillaabteilung dagegen braucht für die Wiederherstellung ihrer Kräfte wesentlich mehr Zeit, weil jeder einzelne Soldat dieser Abteilung bedeutend wertvoller ist, abgesehen davon, daß er im selben Fall 10 Prozent ausmacht.

Wenn ein Guerillero im Kampf fällt, dürfen seine Waffe und seine Munition nicht auf dem Kampffeld zurückgelassen werden. Es ist die Pflicht jedes Guerilleros, im Falle des Todes seines Compañeros diese wertvollen Kampfmittel unverzüglich an sich zu nehmen. Besonders wichtig ist die Munition. Man muß deshalb sorgsam mit ihr umgehen. Der sparsame Verbrauch von Munition ist ein weiterer wichtiger Faktor im Guerillakrieg. In einem beliebigen Kampf zwischen regulären Truppen und Guerilleros kann man die kämpfenden Seiten sehr leicht an der Art der Feuerführung unterscheiden: das fast pausenlose, wütende Feuer auf der Seite der regulären Truppen und das genaue, sparsame Einzelfeuer der Guerilleros.

Einer unserer im Krieg gefallenen Compañeros war einmal gezwungen, ununterbrochen mit seinem Maschinengewehr einen Feuerstoß nach dem anderen abzugeben, um ein Vordringen der feindlichen Soldaten zu verhindern. Das währte etwa fünf Minuten und führte zu einer beträchtlichen Desorientierung unserer Truppen, da wir der schnellen Schußfolge nach urteilten, daß die betreffende Schlüsselposition bereits vom Gegner eingenommen sei. Das war aber einer der seltenen Fälle, in denen das Feuer von den Guerilleros nicht mit einzelnen gezielten Schüssen geführt wurde, weil es die große Bedeutung dieses Verteidigungspunktes erforderte.

Eine weitere notwendige und unumgängliche Eigenschaft des Guerilleros ist die Fähigkeit, sich jeder beliebigen Situation schnell anzupassen und sogar die ungünstigste und komplizierteste Situation für seine Zwecke auszunutzen. Parallel zu den Methoden der Kriegführung regulärer Armeen muß der Guerillero in jedem Augenblick des Kampfes eine eigene Taktik anwenden und ständig unerwartete Schläge gegen den Feind richten.

Vor allem ist es wichtig, unzugängliche, aber für eine bewegliche Verteidigung geeignete Stellungen an solchen Punkten zu besetzen, an denen ein Durchbruch des Gegners nicht möglich ist. Oftmals konnte man beobachten, wie es den Gegner verwirrte, wenn er, nachdem er vorgehen und alle Hindernisse leicht überwinden konnte, plötzlich auf erbitterten Widerstand stieß und nicht mehr die Möglichkeit hatte, seinen Vormarsch fortzusetzen.

Wenn die Möglichkeit besteht, sich mit dem Gelände vertraut zu machen, kann eine Position, die von Guerilleros verteidigt wird, für den Gegner uneinnehmbar sein. Dabei ist nicht wichtig, wie viele Soldaten diese Stellung angreifen, sondern mit wie vielen Männern man die Stellung verteidigen kann. Unter Umständen kann man sich mit wenigen Kräften gegen ein ganzes Bataillon wehren und fast immer - um nicht zu sagen immer - erfolgreich sein. Deshalb muß der Kommandeur einer Guerillaeinheit frühzeitig eine günstige Position auswählen und eine zuverlässige Verteidigung seiner Stellung sichern.

Der Angriff der Guerilla hat ebenfalls seine Besonderheiten. Er beginnt mit einem für den Gegner überraschenden unerbittlichen und intensiven Überfall und wird ebenso unerwartet für ihn abgebrochen. Die nach dem Überfall dem Gegner verbleibenden Truppen glauben dann, daß sich die Guerilleros zurückgezogen haben. Das Leben in der angegriffenen Garnison oder belagerten Stadt beginnt sich wieder zu normalisieren, und plötzlich wird an einer anderen Stelle ein neuer Überfall durchgeführt, während die Hauptkräfte der Guerillaeinheiten möglicherweise von außen angeforderte Verstärkungen des Gegners erwarten, um sie gebührend zu empfangen. Auch befestigte Stellungen können durch plötzliche Überfälle eingenommen werden. Die Hauptsache ist, daß diese Überfälle für den Gegner unerwartet und schnell durchgeführt werden.

Besondere Bedeutung haben Sabotageakte. Hierbei muß man einen Unterschied machen zwischen Sabotage als revolutionärer und überaus effektiver Kampfform und Sabotage als Terror, einer wenig wirksamen Methode. Letztere kann sehr unheilvolle Folgen nach sich ziehen, weil sie in vielen Fällen zum Tod unschuldiger Menschen führt, darunter Patrioten, die zur revolutionären Bewegung gehören. Der Terror kann nur dann ein wertvoller Faktor des Kampfes sein, wenn er als Akt der Vergeltung gegen einen hochstehenden Vertreter der unterdrückenden Klasse angewandt wird, der durch seine Grausamkeit oder besondere „Verdienste“ bei der Durchführung von Repressalien und anderes berüchtigt ist. Die Liquidierung eines solchen Anführers des Gegners bringt nur Nutzen. Dagegen darf man auf keinen Fall zum Terror übergehen, um einfache Leute aus dem Lager des Gegners zu beseitigen.

Es gibt die unterschiedlichsten Auffassungen über den Terror. Viele weisen darauf hin, daß die verstärkten polizeilichen Repressalien des Gegners nach Terrorakten legale und halblegale Verbindungen mit den Massen unmöglich machen und verhindern, die Massen zu in bestimmten Momenten unumgänglichen Operationen des revolutionären Kampfes zusammenzufassen. An sich ist diese Auffassung richtig. Es kommt aber auch vor, daß während des Bürgerkriegs in bestimmten Perioden und Orten die Repressalien der Machthaber schon ohnehin so stark sind, daß jede legale Tätigkeit und Aktion der Volksmassen unmöglich gemacht wird, wenn man sie nicht mit der Waffe unterstützt. Bei der Entscheidung über die Frage der Anwendung dieses Kampfmittels muß man deshalb von vornherein bedenken, ob die Ergebnisse der durchzuführenden Aktionen für die Revolution nützlich sind oder nicht.

Die überlegt angewandte Sabotage ist dagegen immer ein wirksames Kampfmittel. Es empfiehlt sich aber nicht, solche Sabotageakte durchzuführen, bei denen die Vernichtung von Ausrüstungen und Maschinen lediglich Arbeitslosigkeit zur Folge und sonst keine besonderen Auswirkungen auf den normalen Lebenslauf der betreffenden Ortschaften oder Gebiete hat. Dumm wäre zum Beispiel, in einer Fabrik Sabotageakte durchzuführen, in der Erfrischungsgetränke hergestellt werden. Dagegen kann man Sabotage in Elektrizitätswerken nur empfehlen. Im ersten Fall wird nur eine bestimmte Zahl Arbeiter die Arbeit verlieren, während sich der Rhythmus der industriellen Tätigkeit nicht im geringsten verändert. Im zweiten Fall verlieren die Arbeiter zwar auch ihre Arbeit, aber diesmal ist ein solcher Akt gerechtfertigt, weil dadurch das ganze Leben des Ortes oder Gebietes lahmgelegt und der Gegner empfindlich getroffen wird.

Über die Technik der Sabotage sprechen wir noch in einem anderen Kapitel.

Eine in der heutigen Zeit in hohem Maße eingesetzte Teilstreitkraft ist die Luftwaffe. Solange sich der Guerillakrieg in seiner ersten Etappe befindet und es nur kleine Guerillagruppen in Gebirgsgegenden gibt, wird der Gegner seine Luftwaffe nicht einsetzen. Die Wirksamkeit der Luftwaffe besteht in der Möglichkeit, die Verteidigungsstellungen von der Luft aus systematisch zu zerstören. Solche Verteidigungsstellungen, zu deren Bau eine große Anzahl Menschen gebraucht wird, gibt es aber im Guerillakrieg nicht. Die Luftwaffe kann auch wirksame Schläge gegen marschierende Kolonnen in übersichtlichem Gelände führen. Dieser Gefahr können die Guerilleros leicht begegnen, indem sie nachts marschieren.

Einer der schwächsten Punkte des Gegners sind seine Transportmittel auf Straßen und Eisenbahnlinien, denn es ist ihm praktisch nicht möglich, jeden Meter der Straßen und Schienen und jedes einzelne Transportmittel zu bewachen. An einem beliebigen Abschnitt der Verkehrswege kann man Minen legen, um die Verbindung zu unterbrechen. Es besteht auch die Möglichkeit, die Sprengladungen in dem Moment zu zünden, in dem Transportmittel des Gegners durchfahren. Man kann ihm dadurch nicht nur bedeutende Verluste an Menschen und Material zufügen, sondern auch für längere Zeit die Benutzung der Straße durch den Feind unterbinden.

Es gibt eine Vielzahl Möglichkeiten, solche Sprengkörper zu beschaffen. Eine besteht darin, daß man von feindlichen Flugzeugen abgeworfene Blindgänger als Sprengladung herrichtet. Ebenso kann man Sprengmittel im Guerillagebiet selbst oder in illegalen Laboratorien herstellen. Die Technik dieser Sprengmittel ist ebenfalls sehr unterschiedlich und hängt von den Möglichkeiten ab, unter denen die Guerillaeinheit operiert.

Wir haben zum Beispiel in unseren Laboratorien mit Initialzündung versehene Sprengkörper zur Zündung von Minen hergestellt und andere Zündvorrichtungen erfunden. Die besten Ergebnisse wurden aber mit Elektrozündung erzielt. Die erste Mine, die von uns zur Explosion gebracht wurde, war eine von einem feindlichen Flugzeug aus auf uns abgeworfene Bombe. Wir brachten an dem Blindgänger eine Initialladung an. Als Zünder benutzten wir ein Gewehr, dessen Abzug mit einer Schnur betätigt wurde. In dem Augenblick, als ein feindliches Transportfahrzeug vorüberfuhr, wurde aus diesem Gewehr ein Schuß ausgelöst, der die Explosion der Mine bewirkte.

Solche technischen Vorrichtungen können von den Guerilleros bis zur Vollkommenheit entwickelt werden. Es ist zum Beispiel nicht unbekannt, daß in Algerien im Kampf gegen die französischen Kolonialmachthaber Minen angewandt wurden, die über große Entfernungen durch Funk gezündet werden.

Großen Nutzen bringen den Guerilleros Hinterhalte an Wegen mit der Aufgabe, Truppen- und Materialtransporte des Gegners durch Minen zu vernichten, da die im Hinterhalt liegenden Guerilleros dabei Waffen und Munition erobern können. Der Gegner, durch die

Explosion der Mine in eine für ihn ungünstige Situation gedrängt, kann seine Waffen nicht benutzen und hat auch keine Zeit zum Rückzug. Bei solchen Aktionen werden mit nur wenig Munition größtmögliche Ergebnisse erzielt.

Im gleichen Maße, wie die Schläge gegen den Feind geführt werden, ändert sich auch seine Taktik. Anstelle einzelner Transportfahrzeuge setzt er nun ganze Kolonnen von Motorfahrzeugen ein. Aber auch in diesem Fall kann man bei geschickter Ausnutzung des Geländes die gleichen Resultate erzielen, wenn man die betreffende Kolonne teilt und dann sein Feuer gegen einzelne Fahrzeuge richtet. Voraussetzung dazu ist, daß man die wichtigsten Elemente der Guerillataktik immer beachtet. Das bedeutet, daß man das Operationsgebiet ausgezeichnet kennt, das Vorhaben des Gegners gut erkundet und zusätzliche Rückzugswege ausgemacht hat. Weiterhin ist es erforderlich, auch alle zweitrangigen Wege zu kennen, auf denen die angreifenden Truppen des Gegners vordringen können, und diese Wege ständig zu beobachten. Ebenso wichtig ist, daß man die im Operationsgebiet wohnende Bevölkerung genau kennt. Die Hilfe der Bevölkerung für die Guerilla durch Bereitstellung von Lebensmitteln, Transportmitteln und provisorischen oder ständigen Unterkünften (für den Fall, daß verwundete Compañeros zurückgelassen werden müssen) ist unerläßlich. Wichtig sind weiterhin die kämpferische Überlegenheit im Moment der Gefechtshandlungen und maximale Beweglichkeit sowie nach Möglichkeit Reserven.

Bei Beachtung der vorstehend genannten Elemente der Guerillataktik bringen plötzliche und unerwartete Angriffe auf feindliche Verbindungswege sehr gute Ergebnisse. Von großer Bedeutung ist auch das Verhalten gegenüber dem Gegner. Dazu gehört die Standhaftigkeit der Guerilleros während des Kampfes.

Unbedingte Entschlossenheit und Unnachsichtigkeit sind besonders gegen alle Denunzianten und Mörder notwendig. Nachsichtig kann man, wenn es die Bedingungen erlauben, nur gegen Soldaten des Gegners sein, die in dem guten Glauben waren, nur ihre militärische Pflicht erfüllt zu haben. Wenn man über keine genügend große Basis verfügt und das Operationsgebiet nicht absolut sicher ist, empfiehlt es sich nicht, Gefangene zu machen. In diesem Fall werden die am Leben gebliebenen feindlichen Soldaten wieder freigelassen. Verwundeten gegenüber muß man sich fürsorglich verhalten und alle zur Verfügung stehenden Mittel zu ihrer Heilung einsetzen. Das Verhalten gegenüber der Zivilbevölkerung wird durch eine hohe Achtung vor den Traditionen und Sitten der Bewohner des betreffenden Gebietes bestimmt. Die Guerilleros müssen ihre moralische Überlegenheit über die Soldateska der Diktatorenarmee durch die Tat beweisen. Nur in besonderen Fällen soll man gegen Verbrecher ausgesprochene Todesurteile vollstrecken, ohne dem Verurteilten die Gelegenheit gegeben zu haben, sich zu verteidigen.

4. Der Kampf in für Guerillaaktionen günstigem Gelände

Wie bereits erwähnt, entwickelt sich der Guerillakampf nicht immer in für die Anwendung der Guerillataktik besonders gut geeigneten Gebieten. Wenn jedoch das Gelände günstig ist, das heißt, wenn die Guerillaeinheit in für den Gegner schwer zugänglichem Gelände operiert, wie zum Beispiel in dichten Wäldern, in Felsgebirgen, in unwegsamen Wüsten oder zwischen Sümpfen, ändern sich nicht die allgemeingültigen taktischen Prinzipien und werden die Operationen nach den Grundregeln des Guerillakrieges durchgeführt.

Wir wollen nun ein so wesentliches Moment des Guerillakampfes wie die Methode der Annäherung an den Gegner behandeln. Wenn das Terrain stark zerklüftet und dermaßen unzugänglich ist, daß ein Vordringen von Truppenteilen einer regulären Armee äußerst erschwert ist, muß sich die Guerillaeinheit eine Stelle suchen, an der sich die gegnerischen Truppen ihnen nähern können und Möglichkeiten zur Entfaltung von Guerillakampfhandlungen gegeben sind.

Wenn alle Voraussetzungen für eine erfolgreiche Kampfaktion vorhanden sind, sollte die Guerillaeinheit den Überfall unverzüglich ausführen. Schläge gegen den Feind sollten die Guerilleros stets in einer den Bedingungen entsprechenden Entfernung von ihrem Standort führen. Die Beweglichkeit der Guerilleros muß in Gebieten, die sich für den Guerillakampf weniger gut eignen, größer sein. Muß sich die Guerillaeinheit in solchen Gebieten unter den gleichen Bedingungen bewegen wie der Gegner, so besteht in günstigem Gelände nicht dieselbe Notwendigkeit zum ständigen Ortswechsel wie dort, wo es dem Gegner möglich ist, in kurzer Zeit beträchtliche Kräfte zusammenzuziehen.

In gut geeignetem Gelände ist es auch nicht unbedingt notwendig, die Operationen nur nachts durchzuführen. Viele Aktionen sind auch am Tage möglich, wie zum Beispiel die Vorbereitungen der Einheit auf die beabsichtigten Kampfaktionen, wobei natürlich die gegnerische Erd- und Luftaufklärung zu berücksichtigen ist. Außerdem kann die Guerillaeinheit in günstigem Gelände, besonders in den Bergen, ihre Kampfhandlungen über längere Zeit ausdehnen. Sie kann den Feind unter Einsatz nur geringer Kräfte in lang anhaltende Kämpfe verwickeln, und es ist nicht ausgeschlossen, daß sie verhindern kann, daß der Gegener Verstärkungen in das Kampfgeschehen einbezieht.

Die Beobachtung aller möglichen Zugänge zum

Kampffeld ist ein Axiom der Guerillataktik, das nie vergessen werden darf. Wenn es dem Gegner nicht gelingt, Verstärkungen heranzuführen, vergrößern sich die Angriffschancen der Guerillaeinheit. Sie kann dem Gegner noch näherrücken, ihn in offene Kämpfe verwickeln und diese über längere Zeit ausdehnen. Natürlich läßt sich das nur unter Berücksichtigung einer Reihe wichtiger Voraussetzungen verwirklichen; besonders wichtig ist, daß genügend Munition vorhanden ist.

Der Kampf in Gebieten, die sich für Guerillaaktionen gut eignen, besonders im Gebirge, wo es eine ganze Reihe wichtiger Vorzüge gibt, hat natürlich auch seine negativen Seiten, die sich aus der Schwierigkeit ergeben, bei solchen Operationen größere Mengen an Waffen und Munition zu erbeuten – der Guerillero darf nie außer acht lassen, daß der Gegner für ihn eine Versorgungsquelle für Waffen und Munition ist –, weil der Gegner in solchen Gebieten größere Vorsicht an den Tag legt. In günstigem Gelände können sich die Guerilleros aber viel eher festsetzen, bereitstellen und neue Einheiten formieren, die in der Lage sind, einen Stellungskrieg zu führen. Hier schafft sich die Guerillaeinheit vor feindlichen Luftangriffen und weittragender Artillerie geschützte kleine Basen mit eigenen Industrieanlagen, Lazaretten, Schulungs- und Ausbildungszentren, Materiallagern, Funkstationen und anderem.

Die Guerillaeinheit kann unter solchen Bedingungen zahlenmäßig beträchtlich anwachsen und sogar Menschen einbeziehen, die an den Kämpfen nicht unmittelbar teilnehmen. Natürlich müssen auch diese Kräfte im Umgang mit den Waffen vertraut gemacht werden.

Überhaupt ist die zahlenmäßige Stärke einer Guerillaeinheit Gegenstand ständiger allseitiger Erörterungen. Sie ist abhängig vom Kampfgebiet, von den Versorgungsmöglichkeiten, vom Zustrom von Flüchtlingen aus den noch vom Gegner besetzten Gebieten, von den

Waffenreserven und allen anderen Vorbedingungen, die für eine Erweiterung oder Vergrößerung der betreffenden Einheit maßgebend sind. Es ist natürlich sehr günstig, wenn die Abteilung sich festsetzen und durch den Zustrom neuer Kämpfer zahlenmäßig verstärken kann.

Der Aktionsradius einer Guerillaeinheit ist so groß, wie es die Kampfbedingungen und -handlungen benachbarter Guerillaeinheiten erlauben. Dabei muß aber immer berücksichtigt werden, daß die Einheit die Möglichkeit haben muß, sich im Bedarfsfalle im Schutze der Dunkelheit aus dem Gebiet der Kampfhandlungen in die Sicherheitszone zurückzuziehen. Natürlich können aus der Sicherheitszone nur kleinere Einheiten gegen den Feind geschickt werden.

Bei den Operationen in diesen für Guerillaoperationen günstigen Gebieten, besonders in Gebirgen und in Sumpfgebieten, können in der Hauptsache nur leicht transportable Waffen eingesetzt werden. Von den Gewehren und Maschinengewehren, die es auf dem nordamerikanischen Markt gibt, eignet sich das Gewehr M/1 vom Typ „Garand" am besten. Es sollten aber nur Männer damit ausgerüstet sein, die über gewisse Erfahrungen verfügen, da diese Waffe beträchtliche Mengen an Munition verbraucht. Auch leichte Maschinengewehre kann man einsetzen, wie zum Beispiel das Maschinengewehr mit Dreifuß. In günstigem Gelände garantiert dieses Maschinengewehr seiner Bedienung größtmögliche Sicherheit. Allerdings kann diese Waffe nur im Verteidigungskampf und nicht beim Angriff verwendet werden.

Am vorteilhaftesten ist es, wenn die Guerillaeinheit nicht mehr als 25 Mann stark ist und über folgende Waffen verfügt: 10 bis 15 gewöhnliche Gewehre und etwa 10 automatische Waffen vom Typ „Garand" sowie leichte Maschinengewehre vom Typ „Browning" oder das verbesserte belgische FAL und M/14. Von den leichten Maschinengewehren sollte denen mit 9 Millimeter Kaliber der Vorzug gegeben werden, weil für sie leichter größere Munitionsmengen beschafft werden können. Diese Waffen sind überaus einfacher Konstruktion, und je einfacher eine Waffe ist, desto eher ist es möglich, Ersatzteile zu beschaffen. Die Bewaffnung der Guerilleros soll die gleiche sein wie die des Gegners, um die von ihm erbeutete Munition verwenden zu können.

Vom Feind zum Einsatz gebrachte schwere Waffen sind für die Guerilleros in der Regel ungefährlich. Auch die feindliche Luftwaffe kann den Guerilleros nur wenig anhaben, weil diese aus der Luft faktisch nicht zu erkennen sind. Mit Panzern und Artillerie kann der Gegner den Guerilleros ebenfalls nicht beikommen, weil sich diese Waffen im Gebirge und in anderen für den Guerillakampf günstigen Gebieten nur unter großen Schwierigkeiten transportieren lassen.

Die Versorgung der Guerilla mit Lebensmitteln ist eine wichtige Angelegenheit, besonders in schwer zugänglichem Gelände, weil es dort keine landwirtschaftliche Produktion gibt. In solchen Gebieten empfiehlt es sich deshalb, einen ständigen Vorrat „eiserner Rationen“ an Lebensmitteln zu lagern.

In schwer zugänglichem Gelände bestehen auch nur geringe Möglichkeiten, Sabotageaktionen durchzuführen, weil es hier fast keine dem Gegner nutzende Betriebe, Telefonleitungen und Einrichtungen gibt, die zerstört oder beschädigt werden müßten.

Für den Abtransport von Lebensmitteln sind Lasttiere zu empfehlen. In den zerklüfteten Gebieten eignet sich dazu das Maultier am besten. Selbst im schwierigsten Gelände, in dem andere Tiere versagen, ist es noch einsatzfähig. Für die Versorgung der Tiere mit Futter müssen Weiden vorhanden sein. In besonders ungünstigen Fällen müssen die Guerilleros die Lebensmittel selbst transportieren. Ein Mensch kann Lasten bis zu 25 Kilogramm tragen, und das nicht nur über mehrere Stunden, sondern tagelang.

Auf den Verbindungslinien mit der Außenwelt müssen die Guerilleros unbedingt Zwischenstationen schaffen, wo Menschen leben, denen sie voll vertrauen können und die, wenn nötig, auch Verbindungsleute der Guerilla verbergen und mit Verpflegung versorgen. Auch innerhalb des Operationsgebietes müssen sie über Kommunikationen verfügen, deren Ausmaße vom Aktionsradius der Guerilleros abhängen. In einigen Operationsgebieten der kubanischen Guerilla gab es Telefonleitungen über viele Kilometer, von den Guerilleros angelegte Straßen und einen ständigen Verbindungsdienst, der eine schnelle Nachrichtenübermittlung gewährleistete.

Es gab aber auch eine ganze Reihe Nachrichtenmittel, die von den kubanischen Guerilleros nicht genutzt wurden, die aber im Guerillakrieg erfolgreich angewendet werden können, wie zum Beispiel Rauchsignale, Lichtsignale und auch Brieftauben.

Es ist für den Guerillero eine Lebensnotwendigkeit, seine Waffe immer in gutem Zustand zu halten, für sich und seine Compañeros Munition zu beschaffen und immer gutes und festes Schuhwerk zu haben. Deshalb sollten die Hauptanstrengungen der von den Guerilleros zu errichtenden Industrie darauf gerichtet sein, in erster Linie diese Gebrauchsgegenstände herzustellen. Anfangs genügt eine Reparaturwerkstatt für Schuhe und Stiefel; später wird es notwendig sein, eine Schuhfabrik zu errichten, die den Bedarf an Fußbekleidung deckt.

Die Herstellung von Explosivstoffen in ausreichender Menge ist nicht allzu schwierig, auch wenn man nur kleine Labors zur Verfügung hat; sie müssen allerdings mit den notwendigen Materialien versorgt werden. Die Explosivstoffe brauchen die Guerilleros besonders zur Herstellung von Minen. Minenfelder sind für den Gegner eine ernste Gefahr. Relativ große Terrains können leicht vermint, und durch eine einzige Explosion können Hunderte feindlicher Soldaten vernichtet werden.

5. Der Kampf in für Guerillaaktionen ungünstigem Gelände

Zur Kampfführung in diesen Gebieten, das heißt in offenem Gelände ohne Wald und mit einem dichten Verkehrsnetz, müssen ebenfalls alle grundsätzlichen Regeln des Guerillakrieges eingehalten werden, weil sich lediglich die Formen des Kampfes ändern. Die in solchen Geländen operierenden Guerillaeinheiten unterscheiden sich nur durch ihre zahlenmäßige Stärke, aber nicht qualitativ von anderen Guerillaeinheiten. In für den Guerillakampf nicht gut geeigneten Operationsgebieten müssen die Guerillaeinheiten besonders beweglich sein. Ihre Aktionen müssen sie hauptsächlich nachts, schnell und blitzartig durchführen. Ebenso schnell müssen sie sich zurückziehen, aber nicht zu ihren Ausgangspositionen zurück, sondern an einen so weit wie möglich vom Ort der Kampfhandlungen entfernten Punkt. Man muß davon ausgehen, daß in einem Gelände, das für den Gegner leicht zugänglich ist, die Guerilleros keine Möglichkeit haben, sich zu verbergen.

Eine Guerillaeinheit kann im Verlauf einer Nacht 30 bis 50 Kilometer zurücklegen. Sie kann auch noch im Morgengrauen marschieren, wenn die Gewißheit besteht, daß das Kampfgebiet vom Gegner nicht ständig kontrolliert wird und keine Gefahr besteht, daß Bewohner der zu durchquerenden Gebiete die Guerillaeinheit auf dem Marsch beobachten und dem Gegner Angaben über deren Marschrichtung machen können. Besteht diese Gefahr, ist es besser, wenn sich die Guerilleros vor und nach der durchzuführenden Operation unter Beachtung aller Regeln der Vorsicht nur nachts bewegen und besonders in den ersten Nachtstunden absolute Ruhe bewahren. Es gibt aber auch Fälle, in denen man am sichersten in den Morgenstunden marschiert. Wichtig ist, daß die Guerilleros ihre Aktionen nicht immer in der gleichen Weise und zu derselben Tageszeit durchführen. Sie müssen deshalb ständig den Ort der Handlung, die Zeit und auch die Formen der Aktion ändern, da andernfalls der Gegner nur zu leicht in die Lage versetzt wird, die Absichten der Guerillaeinheit zu durchschauen und ihnen wirksam zu begegnen.

Wir haben schon darauf hingewiesen, daß die Kampfhandlungen ohne Verzug, schnell und mit möglichst großer Wirksamkeit durchgeführt werden müssen. Sie dürfen nur wenige Minuten dauern. Sind sie beendet, haben sich die Kämpfer unverzüglich zurückzuziehen. In den hier behandelten Gebieten müssen auch andere Waffen eingesetzt werden als in den Gebieten, die sich für den Guerillakampf besonders gut eignen. Hier empfiehlt es sich, so viele automatische Waffen wie nur möglich einzusetzen. Bei Operationen, die nachts durchgeführt werden, ist nicht das gezielte Feuer, sondern die Feuerdichte ausschlaggebend. Je mehr automatische Waffen zum Beschuß in geringer Entfernung eingesetzt werden, desto größer sind die Chancen, den Gegner vernichtend zu treffen.

Die Dauer eines solchen Überfalls wird im offenen Gelände in der Regel wesentlich verkürzt, die Angriffskräfte aber werden verstärkt. Ebenso empfiehlt sich auch der Einsatz anderer Waffenarten, wie zum Beispiel Schrotflinten und die schon vorher genannten Minen. Im offenen Gelände kommt der Verminung von

Straßen und der Zerstörung von Brücken besondere Bedeutung zu. Im Kampf gegen Truppen, die in offenen oder geschlossenen Fahrzeugen ohne besondere Panzerung, wie Omnibusse, befördert werden, sind beispielsweise Schrotflinten eine gefährliche Waffe. Das ist aber keineswegs nur den Guerilleros bekannt. Diese Mittel werden auch im Krieg regulärer Armeen angewandt.

Von großer Wichtigkeit ist die Munitionsversorgung. Die Munition muß fast immer beim Gegner beschafft werden. Wenn reale Voraussetzungen bestehen, durch einen Angriff auf den Gegner die Munitionsbestände aufzufüllen, muß man unbedingt einen Kampf eingehen. Ausnahmen von dieser Regel sind nur dann zulässig, wenn man genügend absolut sicher gelagerte Munition besitzt, über die man jederzeit verfügen kann. Man darf sich nicht in lang anhaltende und schwere Kämpfe mit starken gegnerischen Kräften verwickeln lassen, wenn dabei – aller Wahrscheinlichkeit nach – die ganze Munition verbraucht wird und keine Gewähr besteht, dem Gegner genügend abzunehmen und damit die eigenen Bestände wieder aufzufüllen. Bei der Guerillataktik muß die schwierige Versorgung mit Munition, die zur Fortsetzung des Kampfes unbedingt notwendig ist, immer beachtet werden. Aus diesem Grund muß der Guerillero auch die gleichen Waffen wie sein Gegner benutzen, mit Ausnahme der Typen, für die man im eigenen Gebiet genügend Munition bekommen oder in den Städten kaufen kann.

Die zahlenmäßige Stärke einer Guerillaeinheit, die unter den hier behandelten Bedingungen operiert, soll 10 bis 15 Mann nicht überschreiten. Die strikte Einhaltung dieser Regel ist von außerordentlicher Bedeutung. 10, 12 oder auch 15 Guerilleros können sich an jeder beliebigen Stelle verbergen; sie sind gleichzeitig dazu fähig, dem Gegner empfindliche Schläge zu versetzen und im Bedarfsfalle starken Widerstand zu leisten. 4 bis

5 Mann sind dazu offenbar nicht in der Lage. Sind es aber mehr als 10 bis 15 Kämpfer, erhöhen sich für die Einheit die Gefahren bei Märschen; außerdem besteht dann viel eher die Möglickeit, daß der Gegner ihr Lager entdeckt.

Man darf nicht vergessen, daß die Marschgeschwindigkeit einer Einheit vom Marschtempo des langsamsten Kämpfers anhängt. Es ist sehr viel schwieriger, mit 20, 30 oder 40 Mann ein gemeinsames Marschtempo einzuhalten als mit nur 10 Mann.

Der in der Ebene operierende Guerillero muß vor allen Dingen gut zu Fuß sein. In der Ebene muß er in der Fähigkeit, den Schlag auszuführen und sich sofort wieder zurückzuziehen, eine hohe Meisterschaft erreichen. Das ist deshalb notwendig, weil eine Guerillaeinheit im ebenen Gelände unter sehr ungünstigen Verhältnissen operiert; sie kann jederzeit eingekreist werden, sie hat keine zuverlässige Basis, um starken und standhaften Widerstand zu leisten, und muß längere Zeit in tiefer Illegalität leben. Sie kann auch nicht den Bewohnern der benachbarten Ortschaften trauen, da sie keine Gelegenheit hat, sich Gewißheit zu verschaffen, ob die Bevölkerung der Sache der Revolution ergeben ist oder nicht. Weiterhin ist zu berücksichtigen, daß der Feind oft harte Repressalien gegen die Bevölkerung anwendet, und zwar nicht nur gegen die Familienoberhäupter, sondern in vielen Fällen auch gegenüber den Frauen und Kindern. Vom Gegner auf nicht sehr standhafte Menschen ausgeübter Druck kann bewirken, daß sie Angaben über Aufenthalt und Tätigkeit der Partisanen machen. Das kann dann zur Entdeckung und Einkreisung der Einheit und zu überaus schweren Folgen führen, wenn es auch nicht bedeuten muß, daß die Guerillaeinheit vernichtet wird.

Wenn die allgemeinen Bedingungen reifen, die Anzahl der Waffen und die revolutionäre Bereitschaft der

Bevölkerung zu entscheidenden Kampfhandlungen wachsen, immer mehr Menschen zu der Guerilla stoßen und die zahlenmäßige Stärke der Guerillaeinheit zunimmt, muß man neue Einheiten schaffen. Gegebenenfalls kann man sie wieder zusammenziehen, um besonders konzentrierte Überfälle gegen den Feind durchzuführen. Unmittelbar danach aber müssen sie sich wieder, aufgeteilt in Gruppen von 10 bis 15 Mann, in ihre Ausgangsstellungen zurückziehen.

Mit großem Erfolg lassen sich ganze Guerillaverbände unter einem einheitlichen Kommando zusammenfassen und einem Kommando unterordnen, auch wenn man nicht ständig im großen Verband operiert. Dazu ist es wichtig, daß die Guerilleros von guten Kommandeuren geführt werden. Jeder einzelne muß davon überzeugt sein, daß der Kommandeur in ideologischer und in persönlicher Beziehung völlig den Anforderungen des Kommandos des betreffenden Guerillagebietes entspricht.

Eine für den Guerillakrieg vorzügliche Waffe schweren Typs ist die Panzerfaust. Sie läßt sich leicht transportieren und bedienen. Die gleichen Vorzüge hat auch eine Panzerbüchse, mit der man Panzerabwehrgranaten abschießen kann. Es versteht sich, daß auch diese Waffe samt dazugehöriger Munition der Gegner liefern muß. Sie eignet sich gut zum Beschuß von Panzerwagen und Truppentransportfahrzeugen sowie für Überfälle auf kleine Garnisonen. Einschränkend ist zu bemerken, daß ein Mann nicht mehr als drei Granaten für diese Waffe tragen kann.

In diesem Zusammenhang sei auch erwähnt, daß schwere Waffen, die man dem Gegner abnehmen kann, zu zerstören sind. Es gibt aber auch Waffenarten, zum Beispiel schwere Maschinengewehre oder automatische Schnellfeuerkanonen (50 mm und andere), die man erbeutet, um sie im unmittelbaren Kampfgeschehen gegen den Feind auszunutzen und danach möglichst zerstört zurückzulassen. Daraus ergibt sich, daß man sich unter ungünstigen Bedingungen auf keinen Kampf einläßt, um unter allen Umständen ein schweres Maschinengewehr oder eine andere Waffe ähnlichen Typs zu erobern, weil man diese Waffe sowieso nur bis zu einem bestimmten Zeitpunkt einsetzen kann und sie dann zerstört stehen lassen muß. Im kubanischen Befreiungskrieg wurde das Zurücklassen einer Waffe auf dem Kampffeld dem schwersten Verbrechen gleichgestellt, und in der Praxis sind solche Fälle auch nicht vorgekommen. Vorstehend wurde genügend klar erläutert, daß das der einzige Fall sein kann, in dem ein Guerillero für das Zurücklassen seiner Waffe nicht bestraft wird.

Die wichtigste Waffe der Guerilla im ungünstigen Gelände ist die Schnellfeuerwaffe.

Zu den besonderen Bedingungen des offenen Geländes gehört auch, daß solche Gebiete gewöhnlich bewohnt sind, besonders von Bauern. Dieser Umstand begünstigt in hohem Maße die Versorgung der Guerilleros mit landwirtschaftlichen Produkten. Wenn man zuverlässige Verbindungsleute in Orten oder Gebieten hat, in denen die Bevölkerung über gewisse Mengen von Lebensmitteln verfügt, kann man eine Guerillaeinheit ausgezeichnet mit allem versorgen, ohne sich mit viel Mühe, Zeit und Geld ein eigenes Versorgungssystem aufbauen zu müssen. Außerdem verringert man die Gefahr, daß die Versorgung der Guerilleros durch Aktionen der Regierungstruppen gestört wird. Für kleinere Guerillaeinheiten läßt sich die Versorgung viel besser organisieren als für zu große. Alle Grundausrüstungsmittel wie Hängematten, Decken, wasserdichte Umhänge, Moskitonetze, Schuhwerk, Medikamente und Lebensmittel kann man unmittelbar im eigenen Operationsraum erhalten, da ja die gleichen Gegenstände auch für die Bevölkerung zum täglichen Bedarf gehören.

Einige Worte über das Verbindungswesen: Man kann sagen, daß es nicht besonders schwierig ist, im Operationsgebiet ein Nachrichtensystem aufzubauen, da sich geeignete Leute und entsprechende Verbindungswege leicht finden lassen. Schwieriger ist die Sache, eine Nachricht mit der notwendigen Sicherheit in entferntere Gebiete zu übermitteln. Dazu muß man ständige Verbindungen unterhalten und viele Menschen ins Vertrauen ziehen. Das bringt die Gefahr mit sich, daß einer dieser Verbindungsleute, die ständig die feindliche Zone durchqueren müssen, gefaßt wird. Da die Erfahrungen zeigen, daß mündliche Meldungen oftmals völlig entstellt oder falsch wiedergegeben werden, sollte man wichtige Meldungen schriftlich, aber verschlüsselt übermitteln.

In für den Guerillakampf ungünstigem Gelände ist es kaum möglich, eine Guerillaindustrie wie beispielsweise Schuhfabriken und kleine Waffenwerkstätten aufzubauen. Hier muß man sich auf gut versteckte kleinere Werkstätten für das Allernotwendigste, wie die Herstellung von Gewehrpatronen und anderes, beschränken. Dafür können aber die Guerilleros besonders in den Gebieten, in denen die Bevölkerung mit ihnen sympathisiert, die dort bestehenden Werkstätten für ihre Zwecke nutzen.

Es ergeben sich also zwei Schlußfolgerungen: Die erste besteht darin, daß sich die Guerilleros in der Regel in industrialisierten Gebieten nicht festsetzen können, mögen die dort vorhandenen günstigen allgemeinen Lebensbedingungen sie auch noch so sehr dazu einladen. Je günstiger die allgemeinen Lebensbedingungen sind, um so ungünstiger sind die Bedingungen für den Guerillakampf. Sie zwingen die Guerilleros, ständig unterwegs zu sein und sich nirgends längere Zeit aufzuhalten. Alle in solchen Gebieten vorhandenen Annehmlichkeiten des menschlichen Lebens, wie zum Beispiel das Verkehrswesen, die Stadt und ihre Umgebung, die starke Konzentration der Bevölkerung, der kultivierte Boden und anderes, schaffen für die Tätigkeit des Guerillakampfes ungünstige Bedingungen.

Die zweite Schlußfolgerung: Wenn es für den Guerillero im allgemeinen wichtig ist, enge Beziehungen zu den Volksmassen zu unterhalten, so ist das in den für die Guerillakämpfe ungünstigen Gebieten, wo ein einziger Schlag des Gegners zur völligen Zerschlagung der Guerillaeinheit führen kann, in besonders hohem Maße erforderlich.

In solchen Gebieten müssen die Guerilleros eine umfassende Propagandaarbeit leisten und unermüdlich für den Zusammenschluß der Werktätigen kämpfen, und zwar für die Zusammenarbeit der Bauern mit den Vertretern anderer Klassen der betreffenden Zone, denn nur so wird eine absolute Zusammenarbeit der Bevölkerung dieses Gebietes mit den Guerilleros erreicht.

Bei der Arbeit zur Festigung der Verbindungen der Bevölkerung des Operationsgebietes mit den Guerilleros darf man nicht außer acht lassen, daß die unverbesserlichen Feinde des Volkes unnachsichtig zu vernichten sind, sobald sie für die revolutionäre Sache zu einer akuten Gefahr werden. In dieser Beziehung muß eine Guerillaeinheit entschlossen handeln.

6. Guerillaaktionen in den Vorstädten

Guerilleros, die während des Krieges bis in die Randgebiete der Städte vordringen, müssen, um sich dort verhältnismäßig sicher einrichten und in ihnen operieren zu können, besonders ausgebildet und vor allem organisatorisch zusammengefaßt und geleitet werden.

Vor allem muß festgestellt werden, daß in Stadtrandgebieten keine Guerillaeinheiten im Selbstlauf entstehen. Sie können sich nur dann entwickeln, wenn alle dafür notwendigen Bedingungen vorhanden sind. In den Vorstädten operierende Guerillagruppen unterstehen dem Befehl der Kommandeure von Guerillaeinheiten anderer Gebiete. Es ist nicht ihre Aufgabe, Operationen nach eigenem Ermessen durchzuführen. Sie haben im Gegenteil nur in völliger Übereinstimmung mit den strategischen Plänen zu handeln und lediglich die Operationen größerer Verbände, die in anderen Gebieten wirken, zu unterstützen. Sie haben nur die Aufgaben auszuführen, die ihnen gestellt werden. Wenn es einer solchen Gruppe übertragen wurde, Telefonmasten umzulegen oder Starkstromleitungen, die Kanalisation, Schienenwege oder das Wasserversorgungssystem zu zerstören, so hat sie sich genau nach den ihr gegebenen Weisungen zu richten.

Eine solche Guerillagruppe soll nicht mehr als 4 bis 5 Mann umfassen. Diese Begrenzung ist sehr wichtig, weil die Gruppe in der Vorstadt, also in einem für den Guerillakampf ungünstigen Gebiet, operiert und der Gegner hier bedeutend wachsamer sein wird. Auch die Möglichkeit von Repressalien und von Denunziationen ist bedeutend größer. Es ist notwendig, auf folgenden, für den Guerillakampf in Vorstädten sich ungünstig auswirkenden Faktor hinzuweisen: Die Gruppe kann sich, nachdem sie eine Operation durchgeführt hat, in einer Stadt nicht weit genug vom Kampfplatz zurückziehen. Bei schnell durchzuführenden Aktionen und dem darauffolgenden notwendigen Rückzug ist dieser Umstand besonders zu beachten. Die Gruppen müssen also vorwiegend nachts operieren. Sie können erst dann zu anderen Methoden übergehen, wenn die Aufstandsbewegung einen derart breiten Umfang angenommen hat, daß die Eroberung der Stadt in Angriff genommen werden kann und sie als aktive Kampfeinheit in die Operationen um die Stadt eingreifen müssen.

Disziplin und Standhaftigkeit der Mitglieder einer solchen Gruppe müssen besonders hoch sein. Sie dürfen in nicht mehr als zwei bis drei Häusern Freunde haben, die sie mit Lebensmitteln versorgen. Unter solchen Bedingungen umzingelt zu werden, ist fast gleichbedeutend mit dem Tod.

Die hier behandelte Guerillagruppe unterscheidet sich auch durch ihre Waffen von anderen Gruppen. Sie ist nur mit Waffen der persönlichen Verteidigung, mit Pistolen und einem Karabiner oder ein bis zwei Schnellfeuerwaffen ausgerüstet. Diese Waffen hindern sie nicht beim schnellen Rückzug und können sicher verborgen werden.

An bewaffneten Aktionen sind nur plötzliche Überfälle auf kleinere Gruppen von Soldaten oder Offizieren oder auf die Nachrichtendienste des Gegners möglich. Sabotageakte werden nur auf Befehl übergeordneter Stellen durchgeführt. Die für solche Aktionen nötigen Hilfsmittel, Sägen, eine entsprechend große Menge Dynamit, Brechstangen und Spaten, besondere Werkzeuge zum Lösen von Eisenbahnschienen und anderes, müssen zuverlässig verborgen werden, um sie zu gegebener Zeit sofort zur Hand zu haben.

Wenn es mehrere solcher Einheiten in den Vorstädten einer Stadt gibt, unterstehen sie alle demselben Kommandeur, der über erprobte Verbindungsleute aus der Zivilbevölkerung die notwendigen Aktionen dieser Gruppen leitet. Nur in einzelnen Ausnahmefällen ist es möglich, daß die Guerilleros weiterhin einem Zivilberuf nachgehen. In der Regel wird eine in den Randgebieten einer Stadt operierende Guerillagruppe aus Leuten bestehen, die illegal leben und organisatorisch der Aufstandsarmee angeschlossen sind.

Die große Bedeutung des Guerillakampfes in den

Vorstädten wird oftmals unterschätzt. Gut organisiert, kann dieser Kampf in einem großen Gebiet die industrielle Produktion und die Versorgung vollständig lahmlegen. Der Guerillakampf in den Vorstadtgebieten ruft unter der Bevölkerung Unruhe und Alarmstimmung hervor und stärkt bis zu einem gewissen Grade ihre Entschlossenheit, ihrerseits dazu beizutragen, dem verhaßten Regime ein Ende zu machen.

Wenn bereits zu Beginn des Krieges rechtzeitig und unter Berücksichtigung der Besonderheiten Spezialisten für den Guerillakampf in den Vorstädten ausgebildet werden, können wirksame blitzartige Operationen durchgeführt und dadurch das Leben vieler Menschen und wertvolles Gut des Landes erhalten werden.

Die Guerillabewegung

1. Der Guerillero – ein Veränderer der Gesellschaft

Wir haben den Guerillero als einen Menschen bezeichnet, dessen Ziel es ist, den Willen des Volkes nach Befreiung von seinen Unterdrückern zu vollstrecken. Wenn die friedlichen Mittel zur Erreichung dieses Zieles erschöpft sind, beginnt er seine Aktionen und wird zum bewaffneten Vorkämpfer des Volkes. Er beginnt diesen Kampf mit dem hohen Ziel, die ungerechte Gesellschaftsordnung zu beseitigen. In seinem ganzen Handeln und in seinem Umgang mit der Bevölkerung wird mehr oder weniger klar zum Ausdruck kommen, daß er eine neue, gerechte Gesellschaftsordnung anstrebt.

Wir haben bereits darüber gesprochen, daß unter den derzeitigen Bedingungen in den lateinamerikanischen Ländern, wie überhaupt in allen unterentwickelten Ländern, dieser Kampf am besten auf dem Lande entfaltet werden kann. Deshalb muß die hauptsächliche soziale Forderung, die der Guerillero stellt, die Forderung nach Veränderung der Besitzverhältnisse an Grund und Boden sein. Die Forderung nach Durchführung einer Bodenreform wird er zu seiner Kampflosung machen. In dieser Losung drückt sich die jahrhundertealte Sehnsucht der Landbevölkerung nach eigenem Grund und Boden aus.

Die Bedingungen, unter denen eine Agrarreform durchgeführt wird, hängen von den Umständen vor Beginn des Kampfes und vom Ausmaß der Teilnahme der Volksmassen an diesem Kampf ab. Die Guerilleros aber, die bewußte Vertreter der Avantgarde der Volksmassen sind, müssen hohe moralische Eigenschaften besitzen, die sie zu echten Verkündern der Reformen werden lassen, die sie selbst verwirklichen wollen. Die infolge der schweren Bedingungen des Guerillakrieges von den Guerilleros zu ertragenden Entbehrungen aller Art erfordern strenge Selbstdisziplin. Nur sie beugt jedem falschen Schritt, jeder Versuchung vor, ganz gleich unter welchen Umständen sie sich ergeben könnten. Der Guerillero muß ein Asket sein.

Die Guerilleros müssen auch den sich im Verlauf des Krieges verändernden gesellschaftlichen Verhältnissen Rechnung tragen. In der ersten Zeit, wenn der Kampf eben erst begonnen hat, darf man nicht einmal den Versuch unternehmen, die in dem betreffenden Gebiet bestehende gesellschaftliche Ordnung und ihre soziale Struktur zu verändern.

Wenn es für die Guerilla keine Möglichkeit gibt, die bei der Bevölkerung erworbenen Waren zu bezahlen, müssen sie unter allen Umständen schriftliche Quittungen ausstellen, die bei der ersten sich bietenden Gelegenheit einzulösen sind.

Die Guerilleros sollen den Bauern stets helfen und sie in technischer, wirtschaftlicher, moralischer und kultureller Hinsicht unterstützen. Die Guerilleros müssen für sie eine Art Schutzengel sein, die den Armen helfen. Dabei müssen sie aber so vorgehen, daß sie sich nicht schon in der ersten Zeit die Wohlhabenden zu Feinden machen.

Im Verlauf des Krieges werden sich aber die Widersprüche verschärfen. Auch viele Menschen, die bis dahin mit den Revolutionären sympathisierten, werden auf die Seite des Gegners übergehen und als erste gegen die Kräfte des Volkes auftreten. Dann ist der Guerillero verpflichtet, entschlossen zu handeln. Als Bannerträger der Sache des Volkes muß er die Verräter streng bestrafen. Das Privateigentum im Kriegsgebiet hat den allgemeinen Interessen zu dienen. Übermäßiger

Besitz an Land und Vieh, den die reichen Familien nicht zum Lebensunterhalt benötigen, wird in die Hände des Volkes übergehen und gerecht verteilt.

Natürlich muß man das Recht auf Entschädigung achten, das den Besitzenden auf die zur allgemeinen Nutzung übergehenden Dinge zusteht. Anstelle dieser Entschädigung kann man ihm aber eine Bescheinigung geben, die unser Lehrer, General Bayo, als „Hoffnungswechsel" bezeichnete. Er verstand darunter ein Dokument, welches die Beziehungen zwischen dem Schuldner und dem Gläubiger regelt.

Grund und Boden sowie Eigentum und Betriebe eingefleischter und offener Feinde der Revolution müssen unverzüglich in die Hände der Revolution übergehen. Unter Ausnutzung des moralischen Aufschwungs in Kriegszeiten, wenn die Verbundenheit der Menschen ihren höchsten Grad erreicht, muß man die verschiedensten Formen der Kooperation anregen, soweit sie sich mit dem Bewußtsein der Bewohner des betreffenden Gebietes in Übereinstimmung bringen lassen.

Der Guerillero als Gesellschaftsveränderer muß nicht nur durch sein persönliches Beispiel allen anderen Vorbild sein, sondern auch ständig unter den Massen ideologisch-erzieherisch arbeiten und ihnen seine während des Guerillakrieges gewonnenen Erfahrungen vermitteln. Diese Erfahrungen beeinflussen in günstiger Weise die Bewußtseinsbildung der Revolutionäre und stählen sie. In dem Maße, in dem die Guerilleros die Interessen der Bewohner des betreffenden Gebietes wahrnehmen, werden sie zu einem Teil ihres eigenen Lebens, und diese werden ohne Zweifel die Notwendigkeit der demokratischen Umgestaltung viel besser begreifen. Hatten sie diese Notwendigkeit gefühlsmäßig oder theoretisch schon früher erkannt, so kommt sie ihnen jetzt dank ihrer größeren Lebenserfahrung erst richtig zum Bewußtsein.

Dieser Prozeß zeigt sich sehr häufig, weil nämlich die Organisatoren der Guerillabewegung oder, anders ausgedrückt, ihre Führer, oft nicht zu jenen Leuten gehören, die von morgens bis abends unter Entbehrungen schwere körperliche Arbeit leisten müssen. Es sind dies meist Menschen, die die Notwendigkeit sozialer Veränderungen auf dem Lande klar erkannt, aber in der Mehrzahl der Fälle selbst nie die ganze Schwere des Lebens der Bauern kennengelernt haben. Deshalb ergibt sich hier (ich spreche von der kubanischen Revolution) ein echtes Zusammenwirken der Führer des Guerillakrieges mit dem Volk, um es zum Kampf zu begeistern. Diese Erkenntnis hilft dem einen oder anderen bei der Verwirklichung der jeweiligen Hauptaufgaben. Somit entsteht im Ergebnis des Zusammenwirkens der Guerilleros mit dem Volk eine progressive Bewegung. Es unterstreicht die revolutionären Besonderheiten des Kampfes im nationalen Rahmen.

2. Der Guerillero als Kämpfer

Die besonderen Lebensbedingungen und Aufgaben des Guerilleros machen es erforderlich, daß er über eine Reihe körperlicher und geistiger Eigenschaften und über eine gute Auffassungsgabe verfügt. Andernfalls wäre er nicht in der Lage, sich den Bedingungen des Guerillakampfes anzupassen und die ihm übertragenen Arbeiten zu erfüllen.

Was muß also ein Guerillero mitbringen? Vor allem muß er ein Bewohner des Operationsgebietes sein. Als solcher wird er dort Menschen haben, die mit ihm sympathisieren und bei denen er nötigenfalls ein Unterkommen finden kann. Außerdem kennt er das Gelände, und das ist einer der wichtigsten Faktoren des Guerillakampfes. Er wird stets über alle Vorkommnisse in dem betreffenden Gebiet informiert sein und kann deshalb eine gute Arbeit leisten. Ist das Operationsgebiet des Guerilleros zugleich seine Heimat, so stärkt das sein Bewußtsein, sein eigenes sowie seiner Nachbarn Eigentum zu verteidigen und durch seinen Kampf für eine Veränderung der sozialen Verhältnisse, für seine eigenen Interessen und die der ihm am nächsten stehenden Menschen einzutreten.

Der Guerillero kämpft vorwiegend nachts. Das bedeutet, daß er alle für Nachtkämpfe erforderlichen Eigenschaften besitzen muß. Er muß den Gegner überlisten können, muß in jedem Gelände unbemerkt an ihn heranzukommen, ihn anzugreifen und dabei den Überraschungsfaktor weitestgehend auszunutzen verstehen. Das sind die wichtigsten Anforderungen für diese Art der Kampfführung. Der Guerillero muß im Lager des Gegners eine Panikstimmung hervorrufen, ihn aus der Bewegung heraus attackieren und in für ihn vernichtende harte Kämpfe verwickeln. Dabei darf er unter seinen Compañeros nicht die geringste Wankelmütigkeit zulassen. Beim Gegner muß er jeden schwachen Punkt sofort ausnutzen. Er muß wie ein Blitz über den Gegner herfallen und ihn vernichten. Bei seinen Aktionen muß er selbstverständlich stets von der taktischen Situation ausgehen. Er darf niemanden der verdienten Strafe entgehen lassen. Unter den feindlichen Soldaten muß er Entsetzen hervorrufen, aber nachsichtig gegenüber Waffenlosen und Besiegten sein und die im Kampf Gefallenen ehren.

Es ist die Pflicht des Guerilleros, zu den Verwundeten nachsichtig zu sein und ihnen, soweit es in seinen Kräften steht, medizinische Hilfe zu gewähren. An Verbrechern, die den Tod verdient haben, muß er dagegen das Urteil unverzüglich vollstrecken.

In der Regel sollen die Guerilleros keine bei den Kampfhandlungen in ihre Hände gefallenen Soldaten in Gefangenschaft überführen, es sei denn, sie verfügen über eine für den Gegner unzugängliche feste Basis. Gefangene können sowohl für die Guerillaeinheit als auch für die Bewohner des betreffenden Gebietes sehr gefährlich werden. Sie können dem Gegner über den Aufenthaltsort und die Stärke der Guerillatruppen Mitteilungen zukommen lassen. Wenn die Gefangenen keine Verbrechen begangen haben, sollte man sie, nachdem man entsprechend ideologisch auf sie eingewirkt hat, wieder freilassen.

Der Guerillero soll sein Leben nur dann aufs Spiel setzen, wenn es unbedingt erforderlich ist, dann aber ohne auch nur einen Augenblick zu zögern. Er soll immer vorsichtig sein und ohne zwingenden Grund kein Risiko eingehen. Er soll stets alle möglichen Vorsichtsmaßnahmen ergreifen, um der Entdeckung oder gar der Vernichtung zu entgehen. Deshalb ist es im Kampf von außerordentlicher Wichtigkeit, daß die Guerilleros alle Zugänge zum Kampfplatz bewachen. Sie müssen es dem Gegner unmöglich machen, Verstärkungen heranzuziehen. So können sie eine Einkreisung auf alle Fälle vermeiden, die weniger in materieller als in moralischer Hinsicht sehr gefährlich ist, weil sie den Glauben an den Sieg schwächt.

Der Guerillero muß jeder beliebigen Gefahr kühn begegnen, die positiven und negativen Seiten des Kampfgeschehens richtig einschätzen, gegen alle Überraschungen gewappnet sein und selbst dann kühne Entscheidungen treffen, wenn ein Abwägen der günstigen und ungünstigen Bedingungen nicht von vornherein auf einen glücklichen Ausgang des Unternehmens hoffen läßt.

Um im Kampf nicht zu unterliegen, muß der Guerillero die Lage ausnutzen, in seine Umgebung hineinwachsen und die ihn umgebenden Verhältnisse zu seinen Verbündeten machen. Er muß sich schnell orientieren können, findig sein und verstehen, das Kampfgeschehen durch entschlossenes Handeln zu seinen Gunsten zu entscheiden.

Diese Anpassungsfähigkeit der Guerilleros und ihre schnelle Auffassungsgabe sind eine starke Waffe, die alle Berechnungen der sogenannten „Feldherren“ regulärer Armeen über den Haufen werfen und ihre Hitzköpfe merklich abkühlen.

Die Guerilleros dürfen unter gar keinen Umständen verwundete Compañeros auf dem Kampffeld zurücklassen und der Gnade des Gegners ausliefern, weil das für diese in 99 von 100 Fällen den Tod bedeuten würde. Verwundete sind auch unter den schwierigsten Bedingungen aus der Kampfzone herauszuholen und an einen sicheren Ort zu bringen. Um das zu erreichen, muß man alle Kräfte einsetzen und jeder Gefahr trotzen. Der Guerillero muß des Guerilleros treuester Compañero sein.

Der Guerillero muß äußerst wachsam sein. Über alles, was er sieht und hört, hat er zu schweigen. Nicht einmal im Gespräch mit anderen Guerilleros empfiehlt es sich, überflüssige Worte zu verlieren. Versucht doch der Gegner immer wieder, seine Agenten in die Guerillaeinheiten einzuschleusen, um zuverlässige Informationen über deren Stellungen, Verbindungen und Pläne zu erhalten.

Neben diesen moralischen Eigenschaften muß der Guerillero aber auch über eine Reihe wichtiger körperlicher Eigenschaften verfügen. Er muß zäh und ausdauernd sein und Müdigkeit auch dann überwinden können, wenn es schier unmöglich scheint. Sein Tatendrang darf nie erlahmen. Das Bewußtsein, daß er für eine gerechte Sache kämpft, gibt ihm die Kraft, auch die schwierigsten Aufgaben, die ihm sein Vorgesetzter stellt, erfolgreich zu lösen.

Er muß widerstandsfähig sein, nicht nur deshalb,

weil er zuweilen Hunger und Durst ertragen und fast immer unter freiem Himmel leben muß, sondern auch deshalb, weil es vorkommen kann, daß er im Falle einer Verwundung oder Krankheit ganz auf sich selbst gestellt, ohne ärztliche Hilfe gesunden muß und sich dann nur auf seinen kräftigen Organismus verlassen kann. Kann doch ein verwundeter Guerillero in den seltensten Fällen ohne zwingende Notwendigkeit seine Unterkunft verlassen, um sich ärztlich behandeln zu lassen, wenn er nicht dem Gegner in die Hände fallen und umkommen will.

Der Guerillero muß eine eiserne Gesundheit haben, um alle Unbilden des Guerillalebens ertragen zu können und nicht krank zu werden. Aber je mehr er sich den harten Bedingungen des Guerillalebens und seiner Umgebung anpaßt, um so besser wird er mit ihnen fertig und er selbst immer widerstandsfähiger.

Es ergibt sich nun die Frage: Menschen welchen Alters sind für den Guerillakampf am geeignetsten? Die Beantwortung dieser Frage ist nicht leicht, weil die Altersgrenze von einer Reihe sozialer und sogar individueller Umstände abhängig ist, die diese Altersgrenze erhöhen oder auch herabsetzen. Der Organismus eines Bauern zum Beispiel wird im Vergleich zu dem eines Städters viel widerstandsfähiger sein. Ein Mensch, der körperliche Anstrengungen gewohnt ist und ein gesundes Leben führt, beispielsweise ein Bauer, ist für das Guerillaleben natürlich besser geeignet als einer, der die meiste Zeit seines bisherigen Lebens hinter dem Schreibtisch gesessen hat. Im allgemeinen kann man die obere Altersgrenze für die Guerilleros auf vierzig Jahre festlegen. Natürlich ist das nicht absolut, besonders dann nicht, wenn es sich dabei um Bauern handelt. Einer unserer Helden, Major Crescencio Pérez, kam in die Sierra Maestra, als er 65 Jahre alt war, und erwies sich als einer der besten Leute der Einheit.

Auch folgende Frage verdient Aufmerksamkeit: Muß man bei der Zusammenstellung einer Guerillaeinheit nicht ganz bestimmte soziale Gesichtspunkte gelten lassen? Es wurde bereits darauf hingewiesen, daß die soziale Zusammensetzung der Guerillaeinheit vom Charakter der für die Kampfhandlungen ausgewählten Operationszone bestimmt wird, das heißt, daß sich der kämpfende Kern der Abteilung aus Bauern zusammensetzen wird. Der Bauer ist ein hervorragender Soldat. Das soll natürlich nicht bedeuten, daß die Vertreter anderer Bevölkerungsschichten davon ausgeschlossen sind, am Kampf für diese gerechte Sache teilzunehmen, und nicht ebensogute Soldaten sein können. Diese Fragen sind individuell von Fall zu Fall zu entscheiden.

Wir haben aber bisher noch kein Wort über das Mindestalter der Guerilleros gesagt. Die Kampferfahrungen lehren uns, daß in der Regel Jugendliche unter sechzehn Jahren nicht in die Einheiten aufgenommen werden sollten, da sie den Pflichten eines Kämpfers und den Schwierigkeiten und Anstrengungen des Guerillalebens noch nicht gewachsen sind.

Es gab einige Fälle, in denen auch sehr junge Menschen hervorragende Kämpfer wurden, sich ein ausgezeichnetes Wissen erwarben und in unserer Rebellenarmee in hohe Funktionen aufrückten. Das waren aber Ausnahmen. Auf einen dieser Jugendlichen mit hervorragenden Kampfeigenschaften kamen zehn andere Jungen, die nach Hause geschickt werden mußten, weil sie über längere Zeit für die Guerillaeinheit nur eine gefährliche Belastung gewesen wären.

Nach unseren Erfahrungen darf man sagen, daß das beste Alter eines Guerilleros zwischen fünfundzwanzig und dreißig Jahren liegt. In diesem Alter ist der Mensch schon genügend geformt und gereift. Wenn er den Entschluß faßt, seine Frau, seine Kinder und seine Habe zurückzulassen, um Guerillero zu werden, ist er sich seiner Verantwortung bewußt und entschlossen, von seiner Entscheidung keinen Schritt abzuweichen.

Wie wir schon erwähnten, muß der Guerillero wie eine Schnecke sein Haus immer bei sich tragen. In seinem Rucksack muß sich eine Mindestmenge aller notwendigen Dinge befinden, die ihm den größtmöglichen Nutzen bringen. Was er mit sich führt, ist nur das Allernotwendigste, von dem er sich ungeachtet aller Schwierigkeiten nicht trennen darf, ausgenommen im äußersten Notfall.

Die Waffe des Guerilleros darf nicht zu schwer sein. Ein sehr schwieriges Problem ist die Beschaffung von allen möglichen Reserven, besonders von Munition. Der Guerillero muß darauf achten, daß seine Munition nicht naß wird oder verlorengeht. Über jede Patrone muß er Rechenschaft ablegen können. Das sorgsame Umgehen mit der Munition ist ein Gesetz der Guerilleros. Das gleiche bezieht sich auf seine Waffe. Er muß sie ständig sauber halten und gut fetten; der Lauf seines Gewehres muß spiegelblank sein. Die Kommandeure müssen Guerilleros, die ihre Waffe nicht sauber halten, zur Verantwortung ziehen.

Alle Menschen, die sich durch Willensstärke und hohes Pflichtgefühl auszeichnen, haben ein Ideal, das sie auch in ungünstigen Situationen aufrichtet. Die Ideale der Guerilleros sind nicht weit gesteckt, sie sind so einfach und klar, daß die Kämpfer ohne zu zögern ihr Leben dafür einsetzen. Fast jeder Bauer hat ein solches Ideal: ein Stück eigenes Land, die Möglichkeit, es zu bearbeiten, und soziale Gerechtigkeit. Das Ideal des Arbeiters ist es, Arbeit zu bekommen, gerecht entlohnt zu werden und die Achtung seiner Rechte zu erwirken. Mehr abstrakter Natur sind die Ideale der Studenten und der Intelligenz. Sie sind für den Kampf zur Verteidigung oder Erringung demokratischer Freiheiten zu begeistern.

Gehen wir nun zur Lebensweise des Guerilleros über.

Der Guerillero ist immer unterwegs. Nehmen wir zum Beispiel eine Guerillaeinheit, die in gebirgig-waldigem Gelände operiert. Der Feind ist ihr ständig auf den Fersen. Will sie ihre Stellungen wechseln, wird sie am Tage marschieren und dabei nicht einmal Halt zum Essen machen. Erst spät abends, nachdem auf irgendeiner Lichtung, in deren Nähe es Wasser gibt, das Lager aufgeschlagen und das Lagerfeuer angezündet worden ist, kommen die Guerilleros zum Essen.

Der Guerillero ißt, wenn es die Gelegenheit gerade erlaubt und was vorhanden ist. Selten bekommt er sehr viel, manchmal sogar zwei bis drei Tage lang überhaupt kein Essen zu sehen, obwohl sich die von ihm verlangten körperlichen Anstrengungen in keiner Weise verringert haben.

Der Guerillero wohnt unter freiem Himmel. Er hängt seine Hängematte auf und bindet darüber ein Stück wasserfestes Nylon; unter die Hängematte legt er seinen Rucksack, sein Gewehr und seine Patronen, kurz all das, was ihm wertvoll ist. Muß er mit einem plötzlichen Überfall rechnen, zieht er, wenn er sich schlafen legt, nicht einmal seine Schuhe aus. Nicht nur deshalb, um sofort marschfähig zu sein, sondern auch, um sie nicht zu verlieren. Bedeuten doch für den Guerillero seine Schuhe sehr viel. Hat er gutes Schuhwerk, kann er alle Unannehmlichkeiten und Entbehrungen viel leichter ertragen.

So lebt der Guerillero Tag für Tag, ohne sich Ortschaften zu nähern, stets darauf bedacht, jeder unbeabsichtigten Begegnung mit deren Bewohnern auszuweichen. Die Guerilleros halten sich vorwiegend in ländlichen Gebieten auf, müssen Hunger, Durst, Kälte und Hitze ertragen und oft schweißüberströmt nicht endenwollende Märsche durchführen. Dabei ist es den Guerilleros nicht immer leicht, sich sauber zu halten (obwohl das in hohem Maße von der DisziplAniertheit jedes einzelnen selbst abhängt).

Wir kubanischen Guerilleros mußten oftmals tagelang unter den ungünstigsten Verhältnissen leben, am Ufer des Meeres, unter brennender Sonne und in zerklüfteten Gebirgen. Nachdem wir eines Tages sechzehn Kilometer marschiert waren und anschließend einen etwa dreistündigen Kampf zu bestehen hatten, erreichte unsere Abteilung den kleinen Ort El Uvero. Da ging von uns ein ganz spezifischer unangenehmer Geruch aus, der jeden sich uns Nähernden zurückweichen ließ. Wir selbst aber spürten das gar nicht. War dies durch die Umstände entschuldbar, so ist aber sonst ein Höchstmaß an Sauberkeit anzustreben.

Der Guerillero muß sein Lager schnell aufbauen und abbrechen können. Von abgebrochenen Lagern darf er keinerlei Spuren zurücklassen. Sie könnten ihn verraten. Für das Lager muß eine zuverlässige Wache aufgestellt werden. Es empfiehlt sich, auf je zehn schlafende Guerilleros zwei Posten aufzustellen, die sich ständig abzulösen haben. Jeder Zugang zum Lager muß zuverlässig bewacht werden.

Bei einer derart feldmäßigen Lebensweise eignet man sich für die Zubereitung der Mahlzeiten schnell einige Fertigkeiten an, die es erlauben, das Essen schnell, durch Beigabe verschiedener Kräuter schmackhafter und abwechslungsreicher zuzubreiten. Bestehen doch die Mahlzeiten der Guerilleros in der Regel aus Hackfrüchten, Graupen, etwas Öl oder Schmalz und Salz zum Würzen. Nur selten haben sie ein Stückchen Fleisch. Das sind die typischen Bedingungen des Guerillalebens in tropischen Gebieten.

In diesem vielseitigen Leben der Guerilla ist der Kampf das bedeutendste Ereignis. Er ruft bei den Männern stürmische Freude hervor und verdoppelt ihre

Kräfte. Er ist der Kulminationspunkt im Leben des Guerilleros. Der Kampf wird begonnen, wenn zum Beispiel ein feindliches Lager entdeckt und ausgekundschaftet wurde, das die Guerillaeinheit mit ihren Kräften vernichten kann, oder dann, wenn sich eine feindliche Kolonne auf das von den Befreiungskräften besetzte Territorium zu bewegt.

Beim Überfall auf ein feindliches Lager streben die Guerilleros danach, nur die Kräfte des Gegners zu vernichten, die den Versuch machen, aus dem Ring, der sie umgibt, auszubrechen, da es für eine Guerillaeinheit ungünstig ist, Kampfhandlungen gegen einen gegebenenfalls eingegrabenen Gegner zu entwickeln. Ein ideales Angriffsziel für eine Guerillaeinheit ist dagegen eine Abteilung des Gegners, die sich in einem ihr unbekannten Gelände bewegt; die Nerven der Soldaten sind bis auf das äußerste angespannt, sie fürchten jedes Geräusch, weil ihnen alle natürlichen Verteidigungsmittel fehlen. Natürlich kann auch ein eingegrabener gut bewaffneter Gegner in eine schwierige Lage geraten. Er ist aber immer noch in einer günstigeren Lage als eine auf dem Marsch befindliche auseinandergezogene Kolonne, die von zwei bis drei Seiten überfallen und gespalten werden kann. Dabei hat der Angreifende noch den Vorteil, daß er sich, sollte sein Versuch, die feindliche Kolonne einzukreisen und vollständig zu vernichten, mißlingen, ungestraft zurückziehen kann.

Wenn es nicht möglich ist, den sich in seinem Lager eingegrabenen Feind zu zermürben oder einen erfolgversprechenden Angriff gegen ihn vorzutragen, muß sich die Guerillaeinheit, nachdem sie die Kampfordnung der eingekreisten Truppen gestört hat, unbedingt zurückziehen. Sind die Guerilleros marschierenden feindlichen Gruppen zahlenmäßig stark unterlegen, muß der Hauptschlag, unabhängig vom Ziel des Angriffs, gegen die Spitze der feindlichen Kolonne geführt werden. Nach mehrmaligen Schlägen gegen die Spitzengruppe verbreiten sich unter den nachfolgenden Soldaten Gerüchte über die großen Verluste, die man vorn gehabt hat. Sie werden zögern oder sich gar weigern, für die Gefallenen einzuspringen, was letztlich zu einer Meuterei führen kann. Wenn man die Vorhut angreift, bedeutet das natürlich nicht, daß man nicht auch gegen andere Teile der feindlichen Kolonne Schläge führen kann.

Wie der einzelne Guerillero die ihm gestellten Aufgaben lösen und das Gelände ausnutzen kann, hängt in vieler Hinsicht von seiner Ausrüstung ab. Bei aller Rücksicht auf das Streben des einzelnen, auch als Guerillero einige Dinge seines ganz persönlichen Bedarfs mit sich zu führen, muß von ihm verlangt werden, daß er in seinem Rucksack alle Dinge haben muß, die es ihm ermöglichen, im Notfall längere Zeit ganz auf sich allein gestellt zu leben.

Welche Ausrüstungsgegenstände muß der Guerillero hauptsächlich bei sich tragen? Nehmen wir an, daß er in der kalten Jahreszeit oder der Regenzeit in zerklüftetem Gelände lebt und vom Gegner ständig verfolgt wird, also unter Bedingungen lebt wie die Guerilla zu Beginn des Befreiungskrieges in Kuba.

Die Ausrüstung des Guerilleros besteht aus unbedingt zum Leben Notwendigem und nur bedingt Notwendigem. Zum ersteren gehört seine Hängematte, die es ihm unter den angegebenen Bedingungen ermöglicht, sich auszuruhen. Es werden sich immer zwei Bäume finden, zwischen denen er sie aufhängen kann. Muß er auf der Erde schlafen, dient sie als Matraze. Regnet es oder ist der Boden feucht, was in tropischen Gebieten nicht selten vorkommt, ist die Hängematte unersetzlich. Als Ergänzung hierzu dient ein Nylonüberwurf. Dieser Überwurf muß so groß sein, daß er die Hängematte vollständig überdeckt. Unter dem Überhang wird in der Mitte eine Leine gezogen, deren Enden an denselben Bäumen wie die Hängematte befestigt werden. Regnet es, werden die vier Zipfel des Überhangs ebenfalls mit Leinen oder Bändern an den benachbarten Sträuchern befestigt. Auf diese Weise entsteht ein kleines Zelt.

Außerdem ist eine Decke erforderlich, denn im Gebirge wird es bei einbrechender Dunkelheit empfindlich kalt. Um die starken Temperaturschwankungen besser ertragen zu können, empfiehlt es sich auch, einen Mantel mitzuführen. Die Kleidung des Guerilleros besteht aus einer derben Hose, einem groben Hemd, ähnlich einer Militärbluse, festen dauerhaften Schuhen. Das erste, was sich der Guerillero als Reserve anschaffen sollte, sind ein zweites Paar Schuhe, weil man ohne diese vor allem bei Märschen nur schlecht zurechtkommt.

Da der Guerillero sein Haus und dessen Einrichtung immer bei sich, aber zugleich die Hände freihaben muß, trägt er es auf seinem Rücken in einem Rucksack. Ihm kommt deshalb eine große Bedeutung zu. Der primitivste Rucksack ist ein Sack, an dem ein Hanfseil befestigt ist. Besser ist aber ein wasserdichter Beutel, den man auf jedem Markt kaufen kann, oder gar ein vom Sattler angefertigter Tornister.

Obwohl der Guerillero von seiner Einheit die üblichen Lebensmittelrationen erhält, sollte er in seinem Rucksack immer noch eine eiserne Lebensmittelreserve haben. Dazu gehören in erster Linie etwas Schmalz oder Pflanzenfett und einige Konserven. Diese sollte er nur dann verbrauchen, wenn er wirklich nichts anderes mehr hat oder wenn er sich durch frische Lebensmittel eine neue Reserve anlegen kann. Fischkonserven sind wegen ihres hohen Nährwertes zu bevorzugen, kondensierte Milch ist ein schmackhaftes und sehr wertvolles Produkt mit starkem Zuckergehalt, nicht minder gut ist

Trockenmilch. Zucker und Salz sind die wichtigsten Bestandteile einer Lebensmittelreserve des Guerilleros, denn ohne sie kommt er nicht aus. Auch einige Gewürze sollte er immer zur Verfügung haben. Dazu einige Zwiebeln oder Knoblauch oder andere in dem betreffenden Land übliche Zutaten. Das sind also die wichtigsten Lebensmittel eines Guerillero.

Schließlich braucht der Guerillero einen Teller oder eine Schüssel, einen Löffel und ein Jagdmesser. Sie leisten ihm die verschiedensten Dienste. Einen Topf oder eine Konservendose braucht er, um sich darin Fleisch oder Kartoffeln zu kochen, Malanga (eine tropische Hackfrucht) zubereiten und Tee oder Kaffee kochen zu können.

Da der Guerillero seine Waffe regelmäßig und sorgfältig reinigen und einfetten muß, benötigt er Waffenöl (im Notfall auch Maschinenöl), einen Lappen und eine Reinigungskette oder einen Ladestock. Seine Munition muß er entweder in einer selbstgefertigten oder in einer Standard-Patronentasche gut verwahren. Sie ist sein wichtigster Besitz, denn ohne sie kann er nicht kämpfen, für ihn ist sie deshalb wertvoller als reines Gold.

Eine mit Wasser gefüllte Feld- oder andere Flasche ist für ihn nicht weniger wichtig, da es ihm unter den Bedingungen des Guerillalebens oft tagelang nicht möglich ist, eine Wasserstelle zu finden.

Auch einige Medikamente sollte er immer gut verpackt, am besten in Tablettenröhrchen, bei sich tragen, wie Penicillin oder ein ähnliches Antibiotikum sowie einige schmerzstillende Mittel und Fiebertabletten (Aspirin) und andere Arzneien, die man in tropischen Gebieten benötigt, z.B. Tabletten gegen Malaria, Mittel gegen Magenverstimmungen und Insektenpulver.

Bei der Versorgung mit Medikamenten muß er die Besonderheiten des betreffenden Gebietes unbedingt berücksichtigen. In Gegenden, in denen es Giftschlangen gibt, braucht er ein entsprechendes Blutserum. Zur medizinischen Ausrüstung gehören auch einige chirurgische Instrumente.

Im Leben des Guerilleros spielen die Tabakwaren (Feinschnittabak, Zigarren, Zigaretten oder kurzgeschnittener Tabak für Pfeifenraucher) eine große Rolle. Für den Guerillero am geeignetsten ist die Tabakpfeife; mit ihr kann er viel besser mit seinem Tabak haushalten, was besonders wichtig ist, wenn der Tabak knapp wird. Um rauchen und außerdem zum Essenkochen Feuer machen zu können, braucht er Streichhölzer oder ein gut funktionierendes Feuerzeug. Da es in den Bergen während der Regenperiode nicht immer ganz einfach ist, Feuer zu machen, ist es ratsam, wenn er Streichhölzer und ein Feuerzeug zugleich besitzt.

Jeder Guerillero muß auch Seife bei sich tragen. Seife ist nicht nur wichtig, damit er sich selbst sauber halten kann, sondern auch zum Geschirreinigen, was mit kaltem Wasser ohne Seife nur schwer möglich ist.

Trägt der Guerillero alle diese Dinge mit sich, kann er sicher und gefahrlos eine gewisse Zeit unter den ungünstigsten Verhältnissen leben und leicht mit allen Schwierigkeiten fertig werden.

Je nach den Gegebenheiten können natürlich auch sehr wichtig scheinende Dinge überflüssig und zu einer unnötigen Belastung werden. Das bezieht sich zum Beispiel auf einen Kompaß. Wenn man sich in einem unbekannten Gelände befindet, greift man gern zum Kompaß, aber je mehr man das Gelände kennenlernt, desto weniger braucht man dieses Gerät. Auch in den Bergen kann man einen Kompaß kaum gebrauchen, weil man, um von einem Punkt zum anderen zu gelangen, nie geradeaus marschieren kann, sondern Hindernisse umgehen muß.

Überaus wichtig ist dagegen für den Guerillero ein Stück wasserundurchlässiger Stoff, am besten Nylon, damit er besonders in tropischen Gegenden, in denen es zu bestimmten Jahreszeiten fast ununterbrochen regnet, seine Lebensmittel und Medikamente sowie seine Waffe und seine Kleidung vor der Nässe schützen kann.

Der Guerillero sollte auch Unterwäsche zum Wechseln haben. Aber das Leben lehrt ihn, seine Kräfte zu schonen. In seinem Wäschebeutel oder Rucksack befinden sich deshalb nur die allernotwendigsten Gegenstände ohne die er überhaupt nicht auskommen kann. Deshalb verzichtet er gewöhnlich ganz auf die Unterwäsche, ja sogar auf ein Handtuch.

Seife braucht der Guerillero aber unbedingt zum Waschen der Wäsche, zum Geschirrspülen und zur Reinigung seines Körpers. Außer Seife gehören zu seinen Toilettengegenständen noch ein Kamm und eine Zahnbürste.

Schließlich sollte jeder Guerillero ein Buch in seinem Rucksack haben. Die Bücher können unter den Kämpfern ausgetauscht werden, und die Einheit besitzt so eine richtige kleine Bibliothek. Zu empfehlen sind Biographien von Volkshelden vergangener Zeiten oder Geschichtsbücher und Wirtschaftsgeographien des betreffenden Landes. Es können natürlich auch beliebige andere Bücher sein, die zur Hebung des kulturellen Niveaus der Kämpfer beitragen und sie von anderen, oft unwürdigen Beschäftigungen abhalten, da die Guerilleros nicht selten sehr viel freie Zeit haben.

Frei werdenden Platz im Rucksack sollten die Guerilleros mit frischen Lebensmitteln ausfüllen, es sei denn, sie operieren in einem Gebiet, in dem sie jederzeit Lebensmittel bekommen können.

In dichtem, undurchdringlichem Wald kommt der Guerillero schwerlich ohne ein Buschmesser aus. In sehr feuchten Gebieten erleichtert eine Flasche Petroleum oder etwas Kienholz das Feuermachen.

Ein Notizbuch, Bleistift oder Federhalter für die verschiedensten Aufzeichnugnen und Mitteilungen an Freunde und andere Guerillaeinheiten sind ebenfalls Dinge, ohne die ein Guerillero schwerlich auskommt. Bindfaden, eine Nadel und Zwirn sowie Knöpfe müssen ebenfalls immer zur Hand sein.

Ist all das vorhanden, wird der Guerillero keinerlei Mangel empfinden.

Natürlich haben alle diese Dinge zusammengenommen nicht wenig Gewicht, dafür bieten sie aber auch unter den schweren Bedingungen des Guerillalebens ein Höchstmaß an Annehmlichkeiten.

3. Die Organisierung der Guerillabewegung

Für die Organisierung einer Guerillaeinheit gibt es kein allgemeingültiges Schema oder System. Die Organisierung von Guerillaeinheiten kann sehr verschieden sein. Sie ergibt sich aus dem Charakter des betreffenden Gebietes und den der Einheit in diesem Gebiet gestellten Aufgaben. Bei den hier von uns vertretenen Ansichten handelt es sich lediglich um Erfahrungen, die wir machen konnten, wobei wir wieder betonen möchten, daß man unsere Erfahrungen nicht mechanisch übernehmen darf, sondern von den besonderen Kampfaufgaben der betreffenden Gruppe ausgehen muß.

Nach unseren Erfahrungen ist die Festlegung der zahlenmäßigen Stärke einer Einheit eine überaus schwierige Sache. Können doch die Guerillaeinheiten, wie wir schon erwähnten, sowohl ihrer Stärke als auch ihrer Organisation nach sehr verschieden sein. Nehmen wir an, daß eine Einheit in einem Gelände operieren muß, das für Guerillaaktionen sehr gut geeignet ist, zum Beispiel im Gebirge, wo die Notwendigkeit entfällt, sich ständig zurückzuziehen, das aber andererseits auch nicht so gut ist, daß es als Basis für Guerillaaktionen geeignet wäre. Eine bewaffnete Einheit, die unter solchen Bedingungen operiert, sollte nicht stärker als 150 Mann sein, wobei diese Zahl bereits sehr hoch gegriffen ist. Die günstigste Stärke einer solchen Einheit beträgt etwa 100 Mann. In der kubanischen Rebellenarmee wurde eine solche Einheit (Kolonne) von einem Comandante befehligt. Die in der Armee des Diktators Batista gebräuchlichen Dienstgrade Unteroffizier und Gefreiter gibt es in der Rebellenarmee nicht.

Ein Comandante befehligt die etwa 100 bis 150 Mann starke Kolonne. Sie gliedert sich in Abteilungen von 30 bis 40 Mann. Geführt wird die Abteilung von einem Hauptmann. Zu seinem Funktionsbereich gehören die Führung der Abteilung, ihre Auffüllung mit neuen Kräften, die Einteilung der Kräfte der Abteilung in Gruppen zu je 8 bis 12 Mann. Die Gruppe wird von einem Leutnant befehligt. Sie ist im Guerillakrieg die wichtigste Einheit, da die Mehrzahl aller Guerillaoperationen von den Gruppen durchgeführt wird. Die Gruppe operiert außer bei besonderen Aktionen selbständig. Die in ständigen Kämpfen zusammengeschweißte Gruppe sollte man nach Möglichkeit nicht teilen. Fällt ein Befehlshaber einer Gruppe oder Abteilung aus, wird seine Stelle von einem anderen, rechtzeitig auf diese verantwortliche Aufgabe vorbereiteten Kämpfer übernommen.

In der Guerillaarmee werden alle, seien es die Vorgesetzten oder die Kämpfer, gleich behandelt. Das muß besonders bei der Versorgung mit Lebensmitteln beachtet werden. Das ist außerordentlich wichtig, nicht nur deshalb, weil im Leben der Guerilla der Mangel an Lebensmitteln keine Seltenheit ist, sondern auch deshalb, weil jede bei den täglichen Lebensmittelverteilungen vorkommende Unregelmäßigkeit, die Bevorzugung des einen oder die Benachteiligung eines anderen, das ausgeprägte Gerechtigkeitsempfinden der Guerilleros auf das äußerste verletzt. Wenn aus irgendeinem Grunde die Lebensmittel in einer ganzen Kolonne ausgeteilt werden, muß strikt beachtet werden, daß jeder in quantitativer und qualitativer Hinsicht das gleiche bekommt.

Anders ist es dagegen bei der Versorgung mit Bekleidung, weil das Gegenstände persönlicher Nutzung sind. Hierbei sollte man zwei Momente beachten: einmal die Bedürfnisse der Kämpfer selbst, die fast immer die vorhandenen Möglichkeiten übersteigen, und zum anderen die Länge der Dienstzeit sowie die persönlichen Verdienste des Kämpfers. Natürlich ist es nicht einfach, da immer völlig gerecht zu verfahren. Für die Verteilung der Bekleidungsstücke muß man einen Modus finden, für dessen Einhaltung ein unmittelbar dem Comandante der Kolonne unterstellter Mann verantwortlich ist.

Genauso werden auch alle anderen Dinge des persönlichen Bedarfs verteilt. Tabak und Zigarren sollte man ebenfalls streng nach der bestehenden Norm verteilen.

Es ist anzustreben, daß der für die Verteilung Verantwortliche ein Vertreter des Kommandos der Kolonne ist, der auch noch andere wirtschaftliche und administrative Funktionen hat und Aufgaben des Verbindungswesens lösen kann. Er sollte sich verantwortungsbewußte Vorgesetzte und Soldaten heranziehen, die jederzeit bereit sind, ihre eigenen Interessen denen der Allgemeinheit unterzuordnen. Obwohl an solche Leute größere Anforderungen gestellt werden als an andere Kämpfer, haben sie kein Recht auf Privilegien oder Sonderbehandlung.

Neben der Ausrüstung, die der Guerillero stets bei sich führt, gibt es eine ganze Reihe Gegenstände kollektiver Nutzung, die während des Marsches gleichmäßig auf alle Kämpfer zu verteilen sind. Dabei werden zwei

Prinzipien eingehalten. Entsprechend dem ersten Prinzip erfolgt die Verteilung solcher Gegenstände wie Medikamente, chirurgisch-medizinische und zahnärztliche Instrumente, Lebensmittelreserven, Kleidung, Gegenstände der allgemeinen Nutzung und technische Kampfmittel gleichmäßig auf alle Gruppen, in denen sie wieder auf die einzelnen Kämpfer gleichmäßig verteilt werden. Sie sind für das ihnen anvertraute Gut voll verantwortlich. Diese Verteilungsweise erfolgt, wenn alle Mitglieder der Einheit bewaffnet sind.

Das zweite Prinzip wird angewendet, wenn es innerhalb der Einheit auch unbewaffnete Kämpfer gibt. In diesem Falle wird aus diesen Leuten ein besonderes Trägerkommando gebildet. Das ist besonders zu empfehlen, weil sich dadurch die Traglasten der bewaffneten Kämpfer bedeutend verringern. Ebenso verringert sich dadurch die Gefahr, daß irgend etwas verlorengeht, weil die einzelnen Gegenstände zusammen transportiert werden. Dieses Prinzip hat auch erzieherische Bedeutung, weil die Mitglieder dieser Trägergruppen daran interessiert sind, sich durch gute Arbeit hervorzutun, um als Auszeichnung dafür zu Waffenträgern zu werden. Die Trägerkommandos marschieren am Ende der Einheit. Die zu ihnen gehörenden Männer haben die gleichen Rechte und Pflichten wie alle anderen Kämpfer.

Die von der Einheit zu bewältigenden Aufgaben sind von der jeweiligen Situation abhängig. Befindet sich die Abteilung im Lager, müssen unbedingt Wachposten aufgestellt werden. Dazu muß eine Gruppe standhafter, besonders geschulter Männer ausgewählt werden, die man für die vorbildliche Ausführung ihres Dienstes belohnen sollte. Als Belohnung kann man ihnen zusätzlichen kurzfristigen Urlaub oder eine Sonderration Tabak geben.

Erfordert die Situation, daß die Guerillaeinheit auf

den Marsch geht, muß vorher sorgfältig die Vor- und Nachhut ausgewählt werden, denn diese haben besonders verantwortungsvolle Aufgaben zu erfüllen. Auf dem Marsch muß darüber hinaus jede Gruppe für ihre eigene Sicherheit sorgen. Je weiter sich eine Einheit vom Lager entfernt hat, um so größere Sicherheitsmaßnahmen werden notwendig.

Die Lager sind an solchen Plätzen zu errichten, die eine gute Übersicht ermöglichen und nur schwer zugänglich sind. Wenn man die Absicht hat, sich an einer Stelle mehrere Tage aufzuhalten, ist es ratsam, Verteidigungsstellungen anzulegen, die im Falle eines feindlichen Überfalls eine bestmögliche Feuerführung gewährleisten. Beim Abmarsch in ein anderes Gebiet werden alle Spuren, die erkennen lassen, daß sich an dieser Stelle ein Guerillalager befunden hat, sorgsam beseitigt, es sei denn, es besteht die völlige Gewißheit, daß der Gegner diesen Raum nicht betritt.

Errichtet man ein festes Lager, sollten zugleich die Verteidigungsanlagen ständig vervollkommnet werden. Dabei sollte man beachten, daß von den schweren Waffen der Granatwerfer im Gebirge die wirksamste Waffe ist. Mit den in dem betreffenden Gebiet vorhandenen Materialien, zum Beispiel Steinen und Baumstämmen, lassen sich jedoch leicht Unterstände errichten, die den Guerillero vor dem Granatwerferfeuer eventuell angreifender Truppen sicheren Schutz bieten.

Es ist sehr wichtig, daß im Lager die Disziplin mit Erziehungsmaßnahmen verbunden wird. Der Guerillero soll sich daran gewöhnen, rechtzeitig schlafen zu gehen und aufzustehen. Von Glücksspielen und alkoholischen Getränken müssen Guerilleros durch würdigere Beschäftigungen abgelenkt werden. Über die Durchführung der Maßnahmen zur Erhöhung von Disziplin wacht eine Kommission, die sich aus den verdientesten und bewußtesten Kämpfern zusammensetzt. Zur Disziplin gehört auch, daß an Stellen, die eingesehen werden können, kein Feuer gemacht wird, daß sich über dem Lager bis zum Eintritt der Dunkelheit keine Rauchfahnen erheben und daß bei Aufgabe des Lagers von den Guerilleros alle Spuren ihrer Anwesenheit sorgsam beseitigt werden. Lagerfeuerstellen, die sich lange Zeit über erhalten, werden am besten mit Sand zugeschüttet oder mit ausgestochenem Rasen abgedeckt. Papierfetzen, Konservenbüchsen und Speiseabfälle gräbt man ein. Auch darüber wacht die Kommission.

Während des Marsches ist auf absolute Ruhe zu achten. Befehle werden durch Zeichen oder im Flüsterton bis an den letzten Mann weitergegeben. Wenn sich eine Guerillaabteilung in unbekanntem Gelände bewegt und sich entweder ihren Weg selbst sucht oder einem Führer folgt, befindet sich die Vorhut je nach dem Gelände hundert bis zweihundert Meter vor der Einheit. In Gebieten, in denen man leicht vom Weg abkommen kann, müssen von der voranmarschierenden Gruppe, sobald die Marschrichtung geändert wird, Posten aufgestellt werden, die die jeweils nachfolgende Gruppe erwarten und einweisen, bis der letzte Kämpfer der Nachhut vorüber ist. Die Nachhut marschiert in einiger Entfernung hinter der Guerillaeinheit, beobachtet den Weg nach hinten und beseitigt nach Möglichkeit alle Spuren.

Wenn man während des Marsches auf Seitenwege stößt, muß unbedingt eine Seitensicherung angeordnet werden, die den Weg, auf dem sich möglicherweise eine Gefahr nähern könnte, so lange beobachtet, bis der letzte Mann der Nachhut diesen Weg passiert hat. Empfehlenswert ist, daß man zu dieser Seitensicherung eine ganze Gruppe bestimmt, die man von den übrigen Gruppen der Reihe nach ablösen lassen kann, wobei jeweils die abzulösende Gruppe die Aufgabe an die ablösende übergibt und danach ihren Platz in der Marschordnung wieder einnimmt.

Während des Marsches ist auch auf eine strenge Ordnung zu achten. Marschiert eine ganze Kolonne, stellt Abteilung 1 die Vorhut. Danach marschieren die Abteilungen 2 und 3 sowie das Kommando. Darauf folgt die Abteilung 4, und Abteilung 5 stellt die Nachhut. Je nach Stärke der Kolonne ist natürlich auch eine andere Reihenfolge möglich, wobei man aber immer die gleiche Ordnung einhalten sollte. Bei Nachtmärschen ist auf absolute Ruhe zu achten. Der Abstand zwischen den Gruppen wird verkürzt, um zu verhindern, daß sich die Compañeros verirren und dann rufen oder Lichtsignale geben müssen, um wieder zur Kolonne zurückzufinden. Während der Nacht ist offenes Licht der Feind der Guerilleros.

Ist das Ziel eines Marsches ein Angriff auf den Gegner, so werden an einer bestimmten Stelle, zu der die Kämpfer nach Erfüllung ihrer Aufgaben wieder zurückkehren, alle überflüssigen Lasten, wie zum Beispiel Rucksäcke, Kochkessel und anderes, abgestellt, und die Gruppen setzen den Marsch nur mit ihren Waffen und der notwendigen Munition fort. Das Angriffsziel muß durch zuverlässige Leute, mit denen eine ständige Verbindung aufrechterhalten wird, rechtzeitig und genau erkundet worden sein. Man muß wissen, wo die Posten des Gegners stehen, genaue Angaben über den Platz und die Beschaffenheit der Unterkünfte des Gegners besitzen, seine Stärke kennen und anderes mehr. Dann erst wird der endgültige Angriffsplan festgelegt, und die Kämpfer beziehen ihre Positionen. Man muß dabei stets eine größere Gruppe bereitstellen, deren Aufgabe es ist, Verstärkungen des Gegners nicht zum Eingreifen kommen zu lassen.

Mit einem Überfall auf eine Kaserne kann man zum Beispiel nur beabsichtigen, die Verstärkungen des Gegners auf sich zu lenken. Dabei zieht man sich nach dem Angriff auf Straßen zurück, an denen andere Guerilleros im Hinterhalt liegen. Der Kommandeur dieser Kräfte muß durch einen Melder unmittelbar nach dem Angriff über das Kampfergebnis informiert werden, weil eine Situation eintreten kann, in der man den Hinterhalt sofort aufgeben muß, um einem Angriff eventuell von außen herangezogener Kräfte des Gegners zu entgehen.

Sei es nun, daß man einen Angriff oder eine Einkreisungsoperation durchführt, in beiden Fällen müssen die Zugänge zu dem für die Kampfhandlung vorgesehenen Ort ständig gut abgesichert werden.

In der Nacht empfiehlt es sich, frontal anzugreifen. Wenn die Guerilleros genügend Kampfgeist besitzen, können sie ohne ernsthaftes Risiko das ganze Lager einnehmen.

Ist der Gegner eingekreist worden, kann man abwarten und sich eingraben. Dann rückt man dem Feind immer näher und beschießt ihn unter Einsatz aller Feuermittel. Man läßt ihm keine Ruhe, bis er sich genötigt sieht, seine Deckungen zu verlassen.

Hat sich die Abteilung nahe genug an den Feind herangearbeitet, kann man sich einer so wirksamen Waffe bedienen wie Molotow-Cocktails. Ist der Abstand zu groß, und kann man diese Flaschen nicht mit der Hand werfen, benutzt man ein Gewehr, das für diese Zwecke mit einer besonderen Vorrichtung versehen ist. Diese Waffe, von den kubanischen Guerilleros M 16 genannt, ist ein Gewehr mit einem Kaliber von 16 Millimetern, einem gekürzten Lauf und einer zweibeinigen Gabelstütze. Die Waffe wird so aufgebaut, daß sie mit dem Gewehrkolben zusammen ein Dreibein bildet. Dabei erreicht ihr Lauf einen Winkel von etwa 45 Grad. Diesen Winkel kann man verändern, indem man die Gabelstütze umstellt. Die Waffe wird mit einer Patronenhülse ohne Kugel geladen. In die Hülse wird ein zylindrischer Holzstab gedrückt, an dessen Ende eine Halterung aus Blech und eine Gummischeibe als Stoßdämpfer für die Flasche mit der brennbaren Flüssigkeit befestigt werden.

Mit dieser Vorrichtung ist es möglich, den Molotow-Cocktail, nachdem die am Flaschenhals befestigte Zündschnur in Brand gesetzt worden ist, hundert Meter und weiter zu schleudern.

Diese Waffe wird mit Erfolg gegen den eingekreisten Gegner eingesetzt, besonders dann, wenn er sich in Bauten aus Holz oder hinter leicht brennbarem Material verschanzt hat. Ebenso erfolgreich werden damit Panzer bekämpft.

Ist der Angriff erfolgreich durchgeführt, sammelt sich die Einheit wieder an der Stelle, an der die Ausrüstung zurückgelassen wurde, und das Leben der Guerilleros nimmt wieder seinen üblichen Verlauf.

Das Guerillaleben entwickelt unter den Kämpfern ein hohes Kameradschaftsgefühl. Wenn aber das Streben der einzelnen Kämpfer oder Gruppen, sich hervorzutun, nicht rechtzeitig in die gesunden Bahnen eines Wettbewerbs gelenkt wird, entsteht die Gefahr, daß die Einheit zerfällt. Deshalb muß man so früh wie möglich mit der Erziehung der Guerilleros beginnen. Schon am Anfang des Guerillakrieges muß man ihnen den sozialen Sinn dieses Kampfes und ihre Pflichten erläutern. Man muß ständig an der Erhöhung ihres Bewußtseins arbeiten und sie zu einer hohen Moral erziehen. Diese Erziehung formt starke Charaktere, und die durch sie gewonnenen Erfahrungen und Kenntnisse werden zu einem neuen wirkungsvollen Faktor.

Das persönliche Beispiel ist eines der wichtigsten Erziehungsmomente. Deshalb muß der Vorgesetzte den Kämpfern immer in allem Vorbild sein, besonders in der Bereitschaft, sich, wenn es notwendig ist, selbst zu opfern. Bei Beförderungen muß grundsätzlich von dem Mut, den Fähigkeiten und der bedingungslosen Ergebenheit ausgegangen werden. Wer diese Anforderungen nicht erfüllt, kann nicht befördert oder ausgezeichnet werden.

Die Guerilleros müssen, wo es auch sein mag, makellos auftreten. Die Bewohner eines Ortes oder Gebietes werden eine Guerillaeinheit immer danach beurteilen, in welcher Form sich die Guerilleros mit einer Bitte oder wegen eines Dienstes an sie wenden. Das sollte jeder Vorgesetzte seinen Kämpfern immer wieder besonders klar erläutern und dabei berücksichtigen, daß seinem eigenen vorbildlichen Verhalten größte erzieherische Bedeutung zukommt. In Ortschaften ist den Guerilleros der Genuß von alkoholischen Getränken zu untersagen. Rechtzeitig ist ihnen bewußt zu machen, daß ihre Disziplin vorbildlich zu sein hat. In Ortschaften empfiehlt es sich, besonders wachsam zu sein. Die Aus- und Eingänge des Ortes sind ständig zu sichern.

Eingekreist zu werden, ist im Krieg eine gefährliche Sache. In der Einkreisung werden die Organisiertheit und die Gefechtsbereitschaft, das Heldentum und der moralische Geist der Kämpfer einer Partisaneneinheit einer harten Prüfung unterzogen. Sich darauf beziehend, sagten die kubanischen Guerilleros über einen Menschen mit traurigem Gesicht: „Der ist wohl eingekreist!" Einkreisung und Vernichtung nannten die Führer des gestürzten Batista-Regimes großsprecherisch ihre militärischen Aktionen. Für eine Guerillaeinheit, die gut mit dem Gelände vertraut ist, die ideologisch und moralisch gefestigt ist und sich um ihren Vorgesetzten schart, ist die Einkreisung keine ernsthafte Gefahr.

Wird man eingekreist, muß man sich gut eingraben und versuchen, das Vordringen des Gegners zu verhindern, sich den Einwirkungen seiner schweren Waffen nach Möglichkeit zu entziehen und den Anbruch der Nacht abzuwarten. Die Nacht ist der natürlichste Verbündete der Guerilleros. Mit dem Eintritt der Dunkelheit beginnt die Einheit, unter Beachtung größtmöglicher Vorsicht und nach vorheriger Erkundung der besten Stelle, sich aus der Einkreisung zu befreien. Dabei benutzt sie alle sich bietenden Tarnungsmittel und achtet auf absolute Ruhe. Wenn alle diese Maßregeln beachtet werden, wird es dem Gegner sehr schwerfallen, die Gruppe daran zu hindern, sich aus der Einkreisung zu befreien.

4. Der Kampf

Der Kampf ist im Leben des Guerillero das Wichtigste, obwohl er im Vergleich zur Dauer des Krieges nur einen sehr geringen Zeitraum einnimmt. Die Bedeutung des Kampfes für den Guerillero kann nicht hoch genug eingeschätzt werden, weil er sich in einem kleinen Scharmützel mit dem Gegner ebenso bewähren muß wie in einer großen Entscheidungsschlacht.

Wir haben bereits darauf hingewiesen, daß der Angriff auf den Gegner so organisiert und durchgeführt werden muß, daß der Kampferfolg gesichert ist. Ergänzend zu der Darlegung der taktischen Bedeutung des Angriffs im Guerillakrieg muß man noch auf einige Besonderheiten hinweisen, die in jeder Kampfhandlung auftreten können.

In erster Linie möchten wir uns mit dem Kampf in einem für Guerillaoperationen gut geeigneten Gelände befassen, weil das für den Guerillakrieg charakteristisch ist. In ihm werden die von uns bereits beschriebenen Gesichtspunkte zur Durchführung der praktischen Aufgaben in die Praxis umgesetzt. In ebenem Gelände nimmt eine Guerillaeinheit in der Regel nur dann Kampfhandlungen auf, wenn sie über genügend Kräfte verfügt, günstige Bedingungen findet und genügend Erfahrungen hat. In der ersten Zeit des Guerillakrieges können die feindlichen Truppen verhältnismäßig tief in das von der Guerilla kontrollierte Territorium eindringen. Ausgehend von den Kräften der gegnerischen Truppen kann man die Kampfhandlungen der Guerilleros in zwei verschiedene Perioden einteilen. Im Laufe der ersten Periode, die mehrere Monate dauern kann, läßt der Angriffsschwung der feindlichen Truppen wesentlich nach. In der zweiten Periode führen die Guerilleros Angriffe auf die Vorhuten des Gegners durch. In für die Kampfhandlungen der feindlichen Truppen ungünstigem, dafür aber für Guerillaoperationen günstigem Gelände ist es sich bewegenden Einheiten des Gegners nicht möglich, seine Flanken so zu decken, wie es nötig wäre. Die feindliche Vorhut wird gezwungen sein, Sonderkommandos vorauszuschicken, die die Aufmerksamkeit der Guerilla auf sich ziehen, ihre Angriffe abwehren und dadurch den Marsch der übrigen Kolonne sichern sollen. Dieser Teil der feindlichen Vorhut ist von den Guerilleros auch dann unbedingt zu vernichten, wenn der Gegner überlegen ist.

Das ist bei einem präzisen Zusammenwirken nicht besonders schwer zu verwirklichen. Sobald die Vorauskommandos der feindlichen Vorhut im zerklüfteten Gelände auftauchen, lassen die Guerilleros sie passieren und eröffnen dann auf sie ein vernichtendes Feuer. Zur gleichen Zeit hält eine andere kleine Gruppe der Guerilleros die Hauptkräfte der Vorhut auf, um ihren Compañeros die Möglichkeit zu geben, die Waffen, Munition und Ausrüstungen der gefallenen feindlichen Soldaten einzusammeln. Die Guerilleros müssen immer daran denken, daß sie der Gegner mit Waffen und Munition versorgen muß. Deshalb enthalten sie sich auch nur in Ausnahmefällen Angriffshandlungen, bei denen sie Waffen und Munition erobern können.

Wenn die Guerillaabteilung über genügend Kräfte verfügt, wird sie eine feindliche Kolonne unter allen

Umständen einkreisen oder zumindest so operieren, als ob sie das beabsichtige. In diesem Fall müssen aber die vordersten Kräfte der Partisanen derart stark und gut eingegraben sein, daß sie in der Lage sind, einen Frontalangriff des Gegners abzuschlagen. Dabei sind natürlich auch die Angriffsmöglichkeiten und der Angriffsgeist des Gegners einzuschätzen.

Wenn der Gegner zum Stehen gebracht worden ist, wird er von hinter ihm in Stellung gegangenen Kräften der Guerillaabteilung unter Feuer genommen. Da das betreffende Gelände Flankenmanöver des Gegners nicht gestattet, werden die in entsprechender Weise postierten kleinen Gruppen der Guerilleros leicht in der Lage sein, den Feuerring zu schließen und den Gegner festzuhalten, selbst wenn er zahlenmäßig acht- bis zehnmal stärker ist als die Guerillaeinheit. In solchen und ähnlichen Fällen soll man – wenn es die eigenen Kräfte und Mittel erlauben – noch Hinterhalte anlegen, die ständig besetzt sind und das Herankommen von feindlichen Verstärkungen verhindern. Inzwischen wird der Ring um den Gegner – besonders während der Nacht – immer enger gezogen. Der Guerillero kennt das Gelände, in dem er kämpft, die feindlichen Truppen kennen es nicht; die Nacht vermittelt dem Guerillero doppelte Stärke, während der Kampfgeist des Feindes in der Nacht nachläßt.

Auf diese Weise kann von der Guerilla eine ihr zahlenmäßig überlegene feindliche Kolonne ohne Schwierigkeiten vollständig vernichtet oder können ihr zumindest so schwere Verluste zugefügt werden, daß sie zu neuen Kampfhandlungen kaum noch in der Lage sein wird.

Hat eine Guerillaabteilung den Auftrag, eine absolut überlegene Abteilung des Gegners unter allen Umständen zum Stehen zu bringen oder zumindest sein Vordringen zu verlangsamen, empfiehlt es sich, daß die

Guerilleros Schützengruppen in Stärke von zwei bis zehn Mann bilden und mit ihnen die feindliche Kolonne umstellen. Dann kann sie den Kampf zum Beispiel an der rechten Flanke beginnen. Konzentriert der Feind darauf seine Kräfte gegen diese Seite, eröffnet eine andere Guerillagruppe unerwartet das Feuer an der linken Flanke, dann von hinten oder gegen die Vorhut des Gegners, und das in ununterbrochen wechselnder Folge. Auf diese Art und Weise können die Guerilleros die Kampfkraft des Gegners vollständig lähmen, ohne dabei viel Munition zu verbrauchen.

Wie eine Guerillaeinheit den Angriff auf eine Kolonne oder eine befestigte Stellung des Gegners durchführt, ist abhängig von den Bedingungen des Geländes, in denen der Kampf stattfindet. Im allgemeinen ist aber folgendes zu beachten: Der erste Angriff erfolgt in der Regel auf den eingekreisten Gegner unerwartet und während der Nacht.

Durch einen plötzlichen Überfall besonders ausgebildeter Guerillagruppen können auch Objekte des Feindes verhältnismäßig leicht vernichtet werden. Bei der Einkreisung der Objekte werden in der Regel die Zugänge zum Kampfplatz durch Hinterhalte bewacht, um zu verhindern, daß dem überfallenen Gegner Verstärkungen zu Hilfe kommen. Die eigenen Rückzugswege müssen von einer kleinen Anzahl Kämpfer gesichert werden.

Wenn das Überraschungsmoment von den Guerilleros beim Überfall auf den Gegner nicht genutzt werden kann, hängt seine erfolgreiche Durchführung von der Fähigkeit der Guerilleros ab, den Feind einzukreisen und das Eingreifen feindlicher Verstärkungen zu verhindern. Erschwert wird dies, wenn der Gegner in einer solchen Situation seine Luftwaffe, Artillerie, Granatwerfer und Panzer einsetzt. In einem für Guerillaoperationen gut geeigneten Gelände sind aber zum Beispiel feindliche Panzer nicht besonders gefährlich. Sie können nur auf schmalen Wegen hintereinander oder höchstens zu zweit nebeneinander fahren. Die zuverlässigste Waffe zur Bekämpfung von Panzern sind unter diesen Bedingungen Minen. Werden in offenem Gelände vom Gegner Panzer eingesetzt, können die Guerilleros sich ihrer erfolgreich durch die Anwendung der schon erwähnten Molotow-Cocktails erwehren. Panzerfäuste sind für die Partisanen ebenfalls eine hervorragende Waffe, obwohl sie zumindest in der ersten Zeit des Krieges nur schwer beschafft werden können.

Gegen feindliches Granatwerferfeuer schützen sich die Guerilleros durch Unterstände und abgedeckte Schützengräben. Der Granatwerfer ist zwar zur Bekämpfung eines eingekreisten Gegners eine wirkungsvolle Waffe, gegen eine den Gegner einkreisende Guerillaeinheit verliert sie jedoch ihre Wirksamkeit, weil in einem solchen Fall das Feuer nicht massiert geführt werden kann.

Noch weniger wirksam gegen Guerilleros ist Artillerie. Ihre Feuerstellungen müssen in verhältnismäßig leicht zugänglichem Gelände angelegt werden, von denen aus so bewegliche Ziele wie Guerillaeinheiten nicht wirkungsvoll bekämpft werden können.

Die Luftwaffe ist die wichtigste Waffenart des Gegners. Ihre Schlagkraft wird aber stark gemindert, weil in einem unübersichtlichen Gelände ihr einziges Ziel im besten Falle nur ein schmaler Schützengraben sein wird. Durch die Luftwaffe kann der Gegner zwar Brand- und Napalmbomben abwerfen, aber all das bedeutet für die Guerilla keine wirkliche Gefahr. Hinzu kommt, daß die feindliche Luftwaffe in den Fällen, in denen die Kampffronten dicht beieinanderliegen, überhaupt keine wirksamen Angriffe durchführen kann, weil die Gefahr besteht, die eigenen Leute zu treffen.

Minen sind im Guerillakrieg äußerst wirksame Waffen. Von allen Minenarten sind die mit Fernzündung die besten. Sie erfordern allerdings technische Fertigkeiten, über die Guerilleros nicht immer verfügen. Die gebräuchlichsten Minen sind besonders bei Kämpfen im Gebirge Kontaktminen, Minen mit Zeitzündung und hauptsächlich Minen mit Elektrozündung.

Ein gutes Verteidigungsmittel gegen feindliche Panzer sind die sogenannten Panzerfallen. Die dazu ausgehobenen Gruben können gut getarnt werden. Besonders wenn der Gegner nachts marschiert oder wenn er seinen Panzern keine Infanterie vorausschicken kann, weil ihm die Guerilleros allzusehr zusetzen, sind die Panzerfallen für ihn eine ersthafte Gefahr.

In weniger zerklüftetem Gelände bewegt sich der Gegner auch auf offenen Lastkraftwagen. An der Spitze einer solchen Kolonne des Gegners fahren dann gewöhnlich einige Panzer oder Panzerspähwagen, denen die Wagen mit der aufgesessenen Infanterie folgen. Von den Kräften der Guerillaabteilung hängt es ab, ob sie entweder die ganze feindliche Kolonne einkreist und zu vernichten versucht oder ihr ernsthafte Verluste zufügt, indem sie nur eines oder einige Fahrzeuge durch Minen und konzentriertes Feuer erledigt. Im letzten Fall muß sie schnell handeln, die Waffen der gefallenen feindlichen Soldaten einsammeln und sich zurückziehen.

Beim Angriff auf offene Fahrzeuge ist das Gewehr eine durch nichts zu ersetzende Waffe, die man voll nutzen muß. Mit einem Schuß aus einem Schrotgewehr mit 16 Millimeter Kaliber kann man auf entsprechende Entfernung ein 10 Quadratmeter großes Ziel bestreichen. Man kann damit zum Beispiel auf einem offenen LKW transportierte feindliche Soldaten töten, verwunden und dadurch in den Reihen des Gegners allgemeine Verwirrung hervorrufen. In einem solchen Fall ist auch die Handgranate eine ausgezeichnete Waffe.

Auch bei dieser Angriffsweise ist die Überraschung ein wichtiger Faktor. Sie ist nicht umsonst eine wesentliche Besonderheit der Guerillataktik. Den aus der Ausnutzung des Überraschungsmomentes erwachsenden Vorteil müssen sich die Guerilleros stets zu sichern suchen. Operieren die Guerilleros in bewohnten Gebieten, ist es deshalb unbedingt notwendig, daß sie ihre Bewegungen zur Vorbereitung von solchen Angriffen nur nachts durchführen. Von diesen Vorbereitungen dürfen nur zuverlässige und ergebene Leute wissen; ihnen können auch Aufgaben des Verbindungswesens anvertraut werden. Die Kämpfer müssen bei diesen Aktionen ihren mit Lebensmitteln versehenen Rucksack bei sich tragen, um in der Lage zu sein, drei oder vier Tage im Hinterhalt auszuharren.

Die Guerilleros dürfen sich nie absolut auf die Loyalität der Bauern verlassen, erstens deshalb, weil sie über alles, was ihnen bekannt ist, in ihrer Familie oder mit ihren Freunden sprechen und zum anderen der Grausamkeit feindlicher Repressalien erliegen und alles ausplaudern könnten, was ihnen über die Guerilleros bekannt ist.

Hinterhalte werden mindestens einen Tagesmarsch von der eigentlichen Basis der Guerillaeinheit entfernt gelegt.

In der Art der Feuerführung im Kampf unterscheiden sich Guerilleros vom Gegner. Das intensive und dichte Feuer zeigt, daß die Soldaten der regulären Armee des Gegners über genügend Munition verfügen und diese Feuerführung gewohnt sind. Die nur vereinzelt fallenden Schüsse der Guerilleros weisen dagegen darauf hin, daß diese den Wert einer jeden Patrone kennen, daß sie sorgsam damit umgehen müssen und nicht schießen, wenn es nicht notwendig ist. Es wäre aber falsch, mit der Munition zu sparen und dadurch seinen Hinterhalt nicht richtig auszunutzen und dem

Gegner gar noch die Möglichkeit zur Flucht zu geben. Man muß deshalb rechtzeitig prüfen und berechnen, wieviel Munition unter bestimmten Voraussetzungen gebraucht wird, und davon ausgehend die Munition entsprechend einteilen.

Die Munitionsversorgung ist für die Guerillaabteilung ein wichtiges Problem. Nur in den wenigsten Fällen bekommt man die Munition zugleich mit den Waffen. Dabei wird Munition ständig verbraucht. Da aber den Guerilleros zu jeder Waffe nur eine begrenzte Menge Munition in die Hände fällt, muß mit ihr äußerst sorgsam umgegangen werden.

Nach dem Überfall müssen sich die Guerilleros gut organisiert zurückziehen. Der vom Befehlshaber organisierte Rückzug muß rechtzeitig und geschickt erfolgen, um die ganze Einheit, in der sich auch Verwundete befinden können, und die Ausrüstung der Guerilleros zu erhalten. Beim Rückzug muß auf eine strenge Ordnung geachtet werden, um dem Gegner keine Chancen zur Einkreisung der Guerilleros zu bieten, was dazu führen könnte, daß eine Panik ausbricht.

Alle Etappen des Marsches einer Guerillaeinheit, in denen unerwartete Überfälle des Gegners mit dem Ziel, sie einzukreisen, möglich sind, müssen abgesichert werden. Ein gut funktionierendes Nachrichtensystem ist notwendig, damit die Kämpfer von ihnen möglicherweise bevorstehenden Gefahren rechtzeitig unterrichtet werden.

Die unbewaffneten Mitglieder einer Guerillaeinheit können während des Kampfes von großem Nutzen sein. Sie bergen verwundete oder gefallene Compañeros und deren Waffen, nehmen den Gefangenen die Waffen ab, bewachen sie, verbinden und transportieren Verwundete und überbringen Meldungen. Zusätzlich muß jede größere Guerillaeinheit über eine aus zuverlässigen Leuten bestehende Nachrichtengruppe verfügen, die in der Lage ist, ihre Aufgaben blitzschnell auszuführen.

Auf je zehn Kämpfer sollten in einer Einheit zwei bis drei unbewaffnete Guerilleros kommen. Ihnen obliegen alle rückwärtigen Aufgaben und Verbindungsfunktionen.

Im Verteidigungskampf, das heißt, wenn die Guerilleros mit allen Mitteln ein weiteres Vordringen des Gegners zu verhindern suchen, nimmt der Kampf den Charakter eines Stellungskrieges an, in dem aber besonders in der ersten Zeit der Überraschungsfaktor beachtet wird. In einer solchen Situation graben sich die Guerilleros ein, bauen ihre Stellungen aus und richten sie so gut wie möglich ein. Diese Stellungen können den Bewohnern ruhig bekannt sein. Ja, es ist wichtig, daß die Bewohner in der von den Guerilleros kontrollierten Zone bleiben. Darum muß man sich besonders deshalb bemühen, weil der Gegner bei Strafaktionen gegen die Guerilleros in von der Bevölkerung verlassenen Gebieten versuchen wird, die Guerilleros auszuhungern. Verbleibt die Bevölkerung in dem Kampfgebiet, wird sie sich mit Lebensmitteln aus anderen Gebieten versorgen und den Guerilleros davon abgeben. Wenn die Bevölkerung das Kampfgebiet verläßt, besteht außerdem die Gefahr, daß unter ihnen Verräter sind, die für die feindliche Armee zu einer wichtigen Nachrichtenquelle werden. Gegen Verräter müssen die Guerilleros unnachsichtig vorgehen.

Die Verteidigungsanlagen und das ganze Verteidigungssystem der Guerilla müssen so organisiert sein, daß bei einem Angriff des Gegners seine Vorhut unweigerlich in einen Hinterhalt gelangt. Sie ist in jedem Fall zu vernichten. Ihre Vernichtung ist ein wichtiger psychologischer Faktor. Sie trägt dazu bei, daß der Kampfgeist der feindlichen Armee sinkt und ihre Soldaten sich weigern, in der Vorhut voranzugehen. Es erübrigt sich zu erwähnen, daß eine Kolonne ohne Vorhut nicht marschieren kann.

Außerdem können je nach der Lage auch Kampfhandlungen mit dem Ziel der Einkreisung des Gegners oder Manöver zur Abwehr feindlicher Flanken- und Frontalangriffe durchgeführt werden. Auf jeden Fall sollten sämtliche Geländeabschnitte, an denen der Gegner Flankenangriffe vortragen könnte, besonders befestigt werden.

Daraus ergibt sich, daß eine Guerillaeinheit zur Verwirklichung derartiger Operationen zahlenmäßig wesentlich stärker und besser bewaffnet sein muß als bei den anderen bereits beschriebenen Kampfhandlungen. Das ist auch nicht schwer zu verstehen. Das Blockieren aller Straßen und Wege in der Kampfzone – und es können recht viele sein – bindet beträchtliche Kräfte der Guerilla. Es sind Panzerfallen anzulegen und andere Vorbedingungen zur Vernichtung feindlicher Panzer und Panzerwagen zu schaffen. Zudem müssen die Verteidigungsanlagen laufend verstärkt und immer besser getarnt werden. In einem solchen Kampf kann es nur einen Befehl geben: „Aushalten bis zum Tod!“ Dabei ist aber alles zu tun, um das Leben der Kämpfer zu erhalten.

Die Beobachtungspunkte müssen besonders sicher angelegt und vorzüglich getarnt werden. Um sich gegen das Feuer der gegnerischen Granatwerfer zu schützen, müssen feste Unterstände gebaut werden. Die Geschosse der vom Gegner eingesetzten 60,1- oder 85-Millimeter-Granatwerfer können einen gut angelegten, aus Baustämmen gebauten, mit Sand und Steinen abgedeckten Unterstand nicht durchschlagen. Die Tarnung des Unterstandes muß dem Gelände angepaßt sein. Gleichzeitig mit einem solchen Unterstand legt man auch ein System von Verbindungswegen an, die von den Guerilleros ohne Gefahr benutzt werden können.

Im Guerillakrieg gibt es in der Regel keine ausgesprochene Frontlinie. Die Frontlinie ist ein mehr oder weniger theoretischer Begriff. Sie ist in hohem Maße elastisch und beweglich und bietet den Kräften beider Seiten, besonders aber den Guerilleros Gelegenheit, sie ohne allzugroße Schwierigkeiten zu durchsickern.

Im Guerillakrieg gibt es eine breite sogenannte neutrale Zone, deren Zivilbevölkerung in gewissem Maße mit der einen oder anderen Seite zusammenarbeitet, in der Mehrzahl der Fälle jedoch mit den Guerilleros. Die Zivilbevölkerung soll man nicht in einen anderen Bezirk umsiedeln. Diese neutrale Zone ist dazu einmal viel zu groß, und zum anderen ergäbe das auch Schwierigkeiten bei der Versorgung der Guerilleros, die in einem solchen Fall die Bevölkerung mit Lebensmitteln versorgen müßten, und nicht umgekehrt. Am Tage werden die Einheiten der Militärpolizei in diesem Gebiet Überfälle durchführen, nachts werden dagegen die Guerilleros in Aktion treten. Für die Guerilleros ist diese Zone eine wichtige Versorgungsbasis. Hier müssen sie deshalb auch eine besondere Politik verfolgen und ihre Beziehungen zu den Bauern und Händlern erweitern und festigen.

Im Guerillakrieg haben auch die unbewaffneten Kämpfer eine große Bedeutung. Wir haben schon über einige ihrer Aufgaben im Nachrichten- und Verbindungswesen gesprochen. Dieser Dienst ist ein untrennbarer Bestandteil einer Guerillaorganisation. Die Nachrichten- und Verbindungsleute müssen auch an den entferntesten Stellen ständig miteinander in Fühlung bleiben und in verhältnismäßig kurzer Zeit wichtige Mitteilungen von einem Punkt zum anderen übermitteln können.

Ein solches Netz zuverlässig arbeitender Leute ist im Guerillakrieg, sei es in für Guerillaoperationen günstigem oder ungünstigem Gelände, die geeignete und sicherste Form des Nachrichten- und Verbindungswesens.

In für Guerillaoperationen ungünstigen Gebieten sollte man modernen Nachrichtenmitteln (Telefon, Telegraf und anderen) tunlichst aus dem Wege gehen. Fällt den Guerilleros jedoch bei der Eroberung einer Garnison des Gegners eine Funkstation in die Hände, werden sie diese selbstverständlich verwenden.

Wir weisen noch einmal darauf hin, daß alle hier von uns gemachten Ausführungen sich auf die Erfahrungen des Befreiungskrieges des kubanischen Volkes stützen.

Die umfassenden täglichen Informationen über die Bewegungen des Feindes werden durch die Mitteilungen der Verbindungsleute ergänzt. Das Aufklärungssystem muß gut durchdacht und die Verbindungsleute müssen sorgfältig ausgewählt werden, um zu verhindern, daß sich Spione des Gegners einschleichen, was zu schweren Folgen führen könnte. Nicht weniger gefährlich können auch entstellte Nachrichten werden, die die bestehende Gefahr entweder verniedlichen oder übertreiben. Meist werden die Gefahren stark übertrieben. Das ist auch nicht schwer zu erklären, neigen doch manche Leute dazu, ihre Phantasie durchgehen zu lassen, und viele glauben noch an übernatürliche Kräfte. So kommt es, daß sie nicht selten eine feindliche Gruppe oder Patrouille für eine riesige Armee halten.

Ein Kundschafter muß sich so verhalten, daß er sich in keiner Weise von den Menschen des Gebietes, in dem er arbeitet, unterscheidet. Der Gegner darf dessen Verbindung zur Befreiungsarmee nicht einmal ahnen. Das zu erreichen, ist nicht so schwer, wie es scheinen mag. Es gibt nicht wenige Leute, sagen wir Händler, Vertreter freier Berufe und sogar Geistliche, die dem Kundschafter wertvolle Dienste leisten und rechtzeitig Mitteilung über bestimmte Ereignisse machen können.

Eine der wichtigsten Besonderheiten im Guerillakrieg besteht in dem wesentlichen Unterschied zwischen den Informationsquellen der aufständischen Kräfte und denen des Feindes. Während die Bevölkerung dem Gegner feindlich gegenübersteht, sich beispielsweise die Bauern in keine Gespräche mit ihm einlassen, werden die Guerilleros, die Verteidiger der Sache des Volkes, in jedem Haus einen Freund und manchmal sogar Angehörige haben. Deshalb wird auch das zentrale Oberkommando der Guerillaarmee laufend über die erforderlichen Informationen verfügen.

Dringt der Gegner in ein von der Guerilla kontrolliertes Gebiet ein, entsteht ein ernstes Problem. Die Mehrzahl der Bauern wird Haus und Familie verlassen, sich den Guerilleros anschließen und sich mit ihnen zurückziehen. Andere wieder werden sich mit ihrer ganzen Familie dem Gegner entziehen, und eine dritte Gruppe an Ort und Stelle bleiben. Eine sehr schwierige Situation kann dann entstehen, wenn der Gegner in das eigentliche Guerillagebiet eindringt, weil dadurch eine bedeutende Zahl von Familien in eine schwierige und ein Teil von ihnen sogar in eine ausweglose Lage gerät. Solchen Familien ist maximale Unterstützung und Hilfe zu geben.

Selbstverständlich sind die Repressalien des Feindes nicht überall gleich. Er wird zu den verschiedensten Willkürmaßnahmen greifen, und doch werden die Methoden dieser Repressalien immer auf das gleiche hinauslaufen. In einigen Bezirken können die Familien der zu der Guerilla übergetretenen Männer ohne Schikanen ausgehen. In anderen Gebieten wird der Feind die Häuser der zu den Guerilleros übergetretenen Bauern niederbrennen und ihr sonstiges Eigentum einziehen. An einer dritten Stelle wird ihm der Übertritt eines Familienmitgliedes zu der Guerilla Anlaß genug sein, alle Familienmitglieder zu ermorden. Es ist daher verständlich, daß die Bauern, deren Lebensinteressen und deren

Leben selbst durch die Handlungen des Feindes bedroht werden, ihren Verbündeten in der Guerilla sehen, mit ihr zusammenarbeiten oder zu ihr übertreten. Es ist deshalb äußerst wichtig, die durch einen feindlichen Vormarsch bedrohten Bauern in Übereinstimmung mit den Erfordernissen des Guerillakrieges in dem jeweiligen Gebiet richtig zu organisieren.

Natürlich muß man alles daransetzen, den Feind aus dem von ihm besetzten Territorium wieder zu verjagen. Man muß seine Lager und Versorgungsbasen überfallen und seine Verbindungswege vollständig zerstören. Gleichzeitig werden kleinere Guerillagruppen die Versuche des Gegners, seine Versorgung wiederherzustellen, zunichte machen und ihn zwingen, dazu viele Soldaten bereitzustellen, wodurch seine Kampfkraft geschwächt wird.

Bei allen Kampfhandlungen, ganz gleich in welchen Gebieten sie durchgeführt werden, kommt der richtigen Nutzung und dem richtigen Einsatz der Reserven eine außerordentlich große Bedeutung zu. Die Guerilleros werden aber auf Grund der Besonderheiten des Guerillakampfes nur sehr selten über Reservekräfte verfügen, weil sie stets ihre Schläge dort führen, wo ihre Männer alle ohne Ausnahme irgendeine bestimmte Aufgabe zu erfüllen haben. Ungeachtet dessen sollte aber jede Guerillaeinheit stets eine Gruppe von Kämpfern bereitstellen, die in der Lage ist, unerwartete Angriffe des Gegners auf sich zu lenken, Gegenangriffe abzuschlagen oder in bestimmten Situationen durch ihr Eingreifen die Kampflage zugunsten der Guerilleros zu entscheiden.

Entsprechend der Organisationsform einer Guerillaabteilung und den Besonderheiten der Situation können diese Aufgaben von einem Sonderkommando gelöst werden, welches man stets an den gefährlichsten Abschnitten einsetzt. Dieses Kommando, auch „Selbstmordkommando“ genannt, wird stets an den Stellen eingesetzt, an denen der Ausgang des Kampfes entschieden wird. Es wird überraschende Angriffe auf die Vorhut des Gegners durchführen, die empfindlichsten und wichtigsten Abschnitte verteidigen und schließlich dort eingesetzt, wo der Gegner die Verteidigung zu durchbrechen sucht. In ein solches Kommando werden nur Freiwillige aufgenommen. In diesem Kommando zu kämpfen, ist für jeden Guerillero eine Ehre. Es wird die populärste und wichtigste Einheit der ganzen Guerillaeinheit sein, und jeder Kämpfer, der für wert befunden wurde, dieser Gruppe anzugehören, wird sich der Achtung und der Liebe aller seiner Compañeros erfreuen.

5. Der Beginn, die Entwicklung und die Beendigung des Guerillakrieges

Bereits mehrfach wurde über das Wesen des Guerillakrieges gesprochen. Betrachten wir jetzt ein klassisches Beispiel des Verlaufs eines Guerillakampfes unter günstigen operativen Bedingungen.

Mit anderen Worten, wir wollen hier wiederum einige Erfahrungen der kubanischen Revolution theoretisch verallgemeinern.

In den ersten Tagen oder Wochen des Guerillakrieges besteht eine mehr oder weniger gut bewaffnete und zusammengeschweißte Gruppe, die sich in einem für den Gegner möglichst schwer zugänglichen Gebiet verbirgt. Ihre Verbindungen zur Landbevölkerung sind auf ein Minimum begrenzt. Zu einem gewissen Zeitpunkt führt die Gruppe ihre erste erfolgreiche Operation durch. Damit wird sie im ganzen Gebiet populär. Darauf werden sich ihr landlose oder landarme Bauern anschließen und ebenso junge Menschen aus anderen

Klassen, die hohen humanistischen Idealen nachstreben. Jetzt kann sich die Guerillagruppe schon wesentlich offener in den bewohnten Gebieten bewegen, ihre Beziehungen zu der dortigen Bevölkerung erweitern, neue Überfälle durchführen und sich danach wieder zurückziehen. Eine solche Gruppe kann bereits feindliche Kolonnen unerwartet angreifen und deren Vorhut vernichten. Immer mehr Menschen werden sich ihr anschließen. Sie wird zahlenmäßig wachsen, organisatorisch jedoch unverändert bleiben. Ihre Operationen werden immer kühner und in Bezirken mit größerer Bevölkerungsdichte durchgeführt.

In der Folgezeit wird die von uns betrachtete Einheit nur für mehrere Tage berechnete provisorische Lager einrichten, die sie wieder verläßt, wenn sie vom Anmarsch feindlicher Kräfte Mitteilung erhält, bombardiert wird oder einfach nur deshalb, weil sie einen günstigeren Lagerplatz gefunden hat. Die zahlenmäßige Stärke dieser Guerillagruppe wächst in der Folge weiter an. Die ihr angehörenden Guerilleros führen unter der Bevölkerung eine Aufklärungsarbeit mit dem Ziel durch, aus jedem Bauern einen Anhänger der Befreiungsbewegung zu machen. Schließlich wählt sie sich ein für den Gegner unzugängliches Gelände aus, um ein festes Lager zu errichten. Damit werden auch die ersten kleinen Betriebe einer Guerillaindustrie ins Leben gerufen, Werkstätten zur Reparatur von Waffen und Schuhen, ein Betrieb zur Herstellung rauchfertiger Tabake und Zigaretten, Nähstuben, Bäckereien, Lazarette, Funkstationen, wenn möglich auch eine Druckerei und anderes mehr.

In diesem Stadium erweitert sich die Organisation der Guerillaeinheit. Ihre Struktur verändert sich. Sie wird zum Kopf einer großen Bewegung und schafft sich einen Verwaltungsapparat, der die Funktionen einer Regierung ausübt. Es werden Gerichtsorgane geschaffen, Gesetze und Verordnungen erlassen und, wenn möglich, wird die Schulungs- und Bildungsarbeit unter den Bauernmassen forciert fortgesetzt. Dazu werden auch Arbeiter herangezogen.

Die Guerillaabteilung wird immer stärker. Greift sie der Gegner an, endet das für ihn mit Niederlagen. Mit den ihm dabei abgenommenen Gewehren kann die Guerillaeinheit weitere Kämpfer bewaffnen. Ihre Stärke wächst. In dieser Etappe jedoch wird das Anwachsen der Einheit ihren Aktionsradius noch nicht erweitern. Aus dem Bestand dieser Einheit werden vielmehr Kolonnen oder Abteilungen zusammengestellt, die in andere für Guerillaoperationen günstige Gebiete geschickt werden.

Dort beginnen sie in ähnlicher Form den Kampf, durchdringen dieses Gebiet, sichern sich die Unterstützung der Bevölkerung und verstärken sich durch den Zustrom neuer Kräfte. Dadurch wird zugleich das Zentrum, das sie ausgesendet hat, gestärkt. Es entwickelt sich zu einer Regierung des Guerillagebietes. Die Guerillaregierung erläßt die notwendigen Gesetze und Verordnungen und eröffnet Schulen zur militärischen und allgemeinen Ausbildung der Guerilleros. Im Verlauf des Guerillakrieges wachsen auch die Fähigkeiten und Kenntnisse der Kommandeure. In gleichem Maße, in dem die Guerillaeinheiten qualitativ und quantitativ wachsen, erhöht sich aber auch die Verantwortlichkeit der Kommandeure.

Zu gegebener Zeit werden in der weiter entfernt gelegenen, für Guerillaaktionen günstigen Gebiete neue Guerillaeinheiten entsandt, die sich in ihrer Tätigkeit von den Erfahrungen der ersten Guerillaeinheiten leiten lassen. In diesen neuen Gebieten wiederholt sich dann das gleiche wie in den vorherigen.

Bei alledem darf man aber nie das noch vorhandene feindliche Territorium vergessen, das für Guerillaoperationen ungünstig ist. In dieses Territorium dringen nun kleinere Guerillagruppen ein, um Überfälle auf Verbindungswege durchzuführen, Brücken und die verschiedensten Objekte zu sprengen und nicht zuletzt, um Panik zu verbreiten.

Der Guerillakampf wird von Tag zu Tag größere Ausmaße annehmen. Nachdem man unter der Bevölkerung eine entsprechende Aufklärungsarbeit geleistet hat, wird den Guerilleros auch das Vordringen in die für den Guerillakampf weniger günstigen Gebieten erleichtert; dadurch rückt die letzte Etappe des Guerillakrieges näher, und die Guerilleros können ihre Operationen bis in die Randgebiete der großen Städte vortragen.

In dem vom Feind noch besetzten Territorium werden sich die Sabotageakte der Guerilla vervielfachen. Das Leben in dieser Zone wird gelähmt, und sie wird schließlich in die Hände der Guerilla übergehen. Die Folge davon wird sein, daß die Guerilleros in immer neue Gebiete eindringen und ihre Operationen den Charakter von Kriegshandlungen einer regulären Armee annehmen. Es entsteht jetzt eine Frontlinie, an der die Guerillaarmee mit den Truppen des Gegners kämpft. Auch schwere Waffen und sogar Panzer werden dabei in die Hände der Guerilleros fallen, und sie werden jetzt dem Kampf mit einem starken Gegner nicht mehr ausweichen müssen.

Im Gegenteil, der Gegner wird in dem ihm von den Guerilleros aufgezwungenen Kampf unterliegen und schließlich angesichts der Gefahr seiner völligen Vernichtung kapitulieren.

Mit dieser kurzen Darstellung haben wir geschildert, wie sich im Befreiungskrieg unseres Volkes die verschiedenen Etappen abzeichneten. Wir sind der Auffassung, daß sie im bestimmten Maße von allgemeiner Bedeutung sind. Zwar gibt es nicht immer und überall ein so glückliches Zusammentreffen von Umständen wie in unserem Guerillakrieg, deren wesentliche Elemente in der Unterstützung durch das Volk, in günstigen Bedingungen und in talentierten Führern bestanden.

Denken wir nur an Fidel Castro, dessen hohe militärische und staatsmännische Qualitäten und Fähigkeiten, den Gang der Ereignisse vorauszuberechnen, unsere Revolution prägten. Wir wollen damit nicht sagen, daß das Volk ohne ihn nicht gesiegt hätte. Sicher ist nur, daß ohne ihn ein solcher Sieg der Revolution dem kubanischen Volk um vieles teurer geworden und lange nicht so vollkommen gewesen wäre.

Die Organisierung der Guerillafront

1. Die Versorgung

Die richtige Organisierung der Versorgung einer Guerillaeinheit ist eine sehr wichtige Aufgabe. Da das Leben der Guerilleros unter feldmäßigen Bedingungen verläuft, müssen sie zur Sicherung ihrer Existenz alle Dinge nutzen, die das Land ihnen bietet. Unter den schwierigen Bedingungen des Guerillakampfes, besonders aber in der Zeit seines Beginns, dürfen sich die Kräfte nicht dadurch verzetteln, daß sie versuchen, die von ihnen benötigten Produkte selbst herzustellen. Dabei sprechen wir schon gar nicht davon, daß die von der Guerilla errichteten Betriebe vom Feind leicht aufgefunden und vernichtet werden können. In der ersten Zeit des Kampfes versorgen sich die Guerilleros aus den betreffenden Operationsgebieten.

In dem Verhältnis, wie die Möglichkeiten wachsen, sichern die Guerilleros ihre Versorgung auch auf Kosten außerhalb der Kampfzone liegender Gebiete. In der ersten Zeit werden sie von den Bauern mit allen notwendigen Produkten versorgt, oder sie kaufen sie sich in den Läden. In gar keinem Fall empfiehlt es sich in dieser Zeit, ein eigenes Versorgungssystem zu schaffen, weil das Gebiet dazu noch nicht ausreicht. Das Versorgungssystem und die Lebensmittelmagazine entstehen erst in späteren Etappen der Entwicklung der Guerillabewegung.

Die Guerilleros müssen in erster Linie das volle Vertrauen der örtlichen Bevölkerung erringen. Man erreicht dies durch aufmerksames Verhalten gegenüber den Problemen und Sorgen der Bewohner, durch eine allseitige Hilfeleistung für die Bauern, durch agitatorische Arbeit und eine konsequente Vertretung ihrer Interessen. Hierzu gehört auch die strenge Bestrafung all derjenigen, die unter Ausnutzung schwieriger Situationen der Bauern diese unterdrücken, sie von ihrem Boden verjagen, sich ihre Ernte aneignen oder in dem betreffenden Gebiet ein Wuchersystem errichten und anderes mehr.

Gegenüber der örtlichen Bevölkerung verfolgen die Guerilleros eine sehr flexible Politik. Mit allen ehrlichen Menschen, deren Sympathie der revolutionären Bewegung gehört, festigen und vertiefen sie die Freundschaft und Zusammenarbeit. Mit den anderen, die mehr oder weniger offen gegen die Guerilla auftreten, die Feindschaft säen oder zugunsten der feindlichen Truppen spionieren, verfahren die Guerilleros unnachsichtig. Sie werden mit aller Strenge bestraft.

Nach und nach wird sich die Lage in diesem Gebiet immer mehr festigen, wird sich die Versorgung weiter verbessern. Dabei sind vor allem folgende Grundprinzipien zu beachten: Alles, was die mit den Guerilleros sympathisierende Bevölkerung an Versorgungsgütern zur Verfügung stellt, müssen diese voll bezahlen. Dabei kann es sich um landwirtschaftliche Produkte oder auch um lebensnotwendige Gegenstände handeln, die man in Geschäften erwirbt. Oftmals bringen die Bauern diese Dinge den Guerilleros auch als Geschenk. In anderen Fällen sind die Bauern aufgrund ihrer materiellen Lage dazu nicht imstande. Hin und wieder sind die Guerilleros aber auch gezwungen, Lebensmittel zu beschlagnahmen oder Lagern und Geschäften durch Überfälle Waren zu entnehmen. Das darf aber nur dann geschehen, wenn absolut kein Geld vorhanden ist, um diese Dinge käuflich zu erwerben, oder andere Umstände dazu zwingen. In diesen Fällen sind den Kaufleuten Quittungen oder die von uns bereits erwähnten „Hoffnungswechsel“ für die entnommenen Waren auszustellen. Diese Maßnahme sollte man aber nur außerhalb der Grenzen des Guerillagebietes anwenden. Aber auch in diesen Fällen muß man die entstandene Schuld so schnell als nur eben möglich begleichen.

Ist es den Guerilleros möglich, das von ihnen besetzte Gebiet zuverlässig zu schützen, müssen sie auf die Bauern einwirken, damit diese ihren Boden wieder intensiver bearbeiten, möglichst auf genossenschaftlicher Grundlage, damit die Versorgung der Bevölkerung des von den Guerilleros besetzten Gebietes und damit zugleich die der Guerilla mit Lebensmitteln gesichert ist.

Strömen der Guerilla mehr Freiwillige zu, als Waffen vorhanden sind, so daß man sie nicht als Kämpfer in die Guerillaeinheiten einreihen kann, müssen die überzähligen Freiwilligen, wenn sie aus politischen Motiven nicht wieder in ihre Heimat zurückkönnen, vorübergehend der landwirtschaftlichen Produktion zugeführt werden. Wer sich dabei durch vorbildliche Arbeit auszeichnet, erhält zuerst eine Waffe und wird in eine Guerillaeinheit eingereiht.

Es empfiehlt sich aber, zu landwirtschaftlichen Arbeiten, die ganz bestimmte Kenntnisse, Fähigkeiten und Fertigkeiten voraussetzen, Bauern und Landarbeiter einzusetzen, weil deren Arbeit produktiver ist. Natürlich darf man auch die Arbeitsbegeisterung der anderen Kräfte nicht außer acht lassen. Wenn die Bedingungen noch weiter herangereift sind, kann man zum Ankauf ganzer Ernten übergehen, die dann unmittelbar auf dem Feld oder in Guerillamagazinen eingelagert werden.

Haben die Guerilleros Organe, die sich mit der Versorgung der Landbevölkerung befassen, geschaffen, können die Bauern ihre landwirtschaftlichen Produkte bei diesen abliefern und im Austausch dafür die von ihnen gewünschten Gegenstände des dringendsten Bedarfs erhalten. Diese Organe werden damit zum Mittler zwischen der Guerilla und den Bauern. Haben sich die Beziehungen zwischen den Guerilleros und der Bevölkerung gefestigt, kann man ein System der Pflichtabgaben einrichten. Die Abgaben sollen aber besonders für die kleinen Bauern nur geringfügig sein. Große Beachtung muß man den Beziehungen zwischen der Bauernschaft und der Guerillaarmee schenken, da letztere ein Kind der Bauernschaft ist.

In einigen Fällen kann die Pflichtabgabe in Form von Geld erhoben werden, in anderen Fällen kann sie einen Teil der Ernte betragen, die dann der Versorgung der Guerillaeinheiten zugeführt wird. Für Fleisch, das wichtigste Nahrungsmittel, sollten entsprechende Lagerungsmöglichkeiten geschaffen werden. In allen Fällen, in denen die Guerilleros nicht über ein Gebiet verfügen, in dem sie sich die notwendigen landwirtschaftlichen Produkte wie Fleisch, Eier, Speck und Milch beschaffen können, müssen sie landwirtschaftliche Betriebe organisieren. Die in diesen Betrieben arbeitenden Bauern und Landarbeiter dürfen nach außen hin mit der Guerilla keinerlei Beziehungen unterhalten. Diese Betriebe werden von den Guerilleros mit Haustieren versorgt, die sie angekauft oder bei den Großgrundbesitzern konfisziert haben. In den Latifundiengebieten halten die Guerilleros große Viehherden. Das schlachtreife Vieh geht dann in die Schlachthäuser, das Fleisch wird eingesalzen und ist für lange Zeit haltbar.

Solche Viehherden sind auch für die Produktion von Leder sehr wichtig, dem Rohstoff für Schuhe, die von der Guerillaarmee dringend gebraucht werden.

Die Hauptnahrungsmittel bilden abhängig vom jeweiligen Gebiet: Fleisch, einige Gemüsearten, Hackfrüchte und Getreide. Alle Grundnahrungsmittel werden von den Bauern selbst erzeugt. Dazu gehören in den Gebirgsgegenden der Provinz Oriente die Hackfrucht Malanga, in den Gebirgsgegenden von Mexiko und ganz Mittelamerika der Mais oder in Peru noch die Kartoffel, in Ländern wie Argentinien Rindfleisch und in anderen Gebieten der Weizen. Vor allem muß die Versorgung mit Fetten sichergestellt werden, sowohl mit tierischen als auch mit pflanzlichen, die zu den bereits erwähnten Nahrungsmitteln eine notwendige Ergänzung bilden.

Eines der wichtigsten Produkte ist Salz. Operiert eine Guerillaeinheit in den Gebieten am Meer oder hat sie Zugang zum Meer, sollte sie sich unverzüglich eine Anlage zur Salzgewinnung durch Verdampfen von Meerwasser schaffen. Die gewonnene Menge Salz sollte so groß sein, daß sie zur Versorgung der Guerillaeinheiten und zur Bildung von Reserven ausreicht.

Stellen wir uns ein landwirtschaftliches Gebiet vor, in dem nicht alle Grundnahrungsmittel erzeugt werden. Blockiert der Gegner einmal diese Zone, werden sich die Guerilla und die mit ihr sympathisierende Bevölkerung nicht lange halten können. Zur Verhinderung derartig unerwünschter Folgen müssen die Guerilleros in Zusammenarbeit mit den Bauern und der übrigen Bevölkerung alle erforderlichen Maßnahmen ergreifen. Die Bewohner müssen über ein Minimum an Lebensmittelvorräten verfügen, um zumindest die schlimmste Kampfperiode überstehen zu können. Aus diesem Grunde müssen die Vorräte schnell durch Produkte aufgefüllt werden, die eine lange Haltbarkeit haben, wie zum Beispiel Mais, Weizen, Reis und andere Getreidearten. Aber auch Mehl, Salz, Zucker und alle Konservenarten lassen sich längere Zeit lagern.

Wenn die Fragen der Lebensmittelversorgung gelöst sind, ergeben sich sicherlich eine Reihe anderer, ebenso wichtiger Probleme. Die Guerilleros brauchen Ausrüstungsgegenstände wie Schuhe, Stoffe für die Bekleidung; für die Druckereien müssen Papier, Maschinen und anderes beschafft werden.

In gleichem Maße, wie sich das von der Guerilla besetzte Gebiet erweitert und sich die Guerillaorganisation vervollkommnet, wächst auch die Nachfrage nach den Gegenständen, die man bisher aus anderen Gebieten besorgen konnte. Diese Nachfrage möglichst zu befriedigen, ist Aufgabe eines reibungslos arbeitenden Versorgungssystems. Mit Hilfe der sympathisierenden Bevölkerung, besonders der Bauern, wird das immer möglich sein. Das Versorgungssystem muß so eingerichtet werden, daß lebensnotwendige Güter nicht nur aus den Guerillagebieten, sondern auch aus den noch vom Gegner besetzten Gebieten und besonders aus den Städten herangeschafft werden. Die Versorgungslinien müssen sich durch das ganze Land ziehen. Die mit dem Transport der Güter beauftragten Menschen, in der Hauptsache Bauern, gewöhnen sich an die Gefahren und sind in der Lage, die betreffenden Materialien ohne allzu großes Risiko an ihre Bestimmungsorte zu bringen. In kleine Gruppen aufgeteilt, haben unsere Bauern manchmal wirkliche Wunder vollbracht.

Die Warentransporte werden in der Mehrzahl mit Mauleseln durchgeführt. Der Maulesel verfügt über große Kräfte, kennt keine Müdigkeit und kann sich in dem unwegsamsten Gelände bewegen, er kann Lasten über 100 Kilogramm tragen und mehrere Tage lang unterwegs sein. Dazu kommt, daß er äußerst genügsam ist. Besteht die Möglichkeit, diese Tiere in größerer Anzahl zu halten, sollten es die Guerilleros tun. Sie werden großen Nutzen davon haben.

Die Transporte werden in der Regel nachts durchgeführt und als Transportmittel Maulesel oder andere Tragtiere benutzt, auch Kraftfahrzeuge, wenn das Gelände es gestattet. Auf diese Weise kann man die Versorgung auch aus entfernt gelegenen Gebieten organisieren.

Die mit der Betreuung der Verbindungslinien dieses

Versorgungssystems beauftragten Menschen müssen sehr zuverlässig sein, über die erforderlichen Geldmittel zum Ankauf der notwendigen Güter verfügen und sich in ihrer Arbeit auf die mit den Guerilleros sympathisierenden Bevölkerungsteile stützen. Alle Personen, die mit Geldmitteln zu tun haben, sind streng zu kontrollieren. Diejenigen aber, die sich ihrer in einer solchen Position großen moralischen Verantwortung nicht bewußt sind und das ihnen entgegengebrachte Vertrauen mißbrauchen, sind mit aller Strenge zur Verantwortung zu ziehen. Die benötigten Waren werden nach Möglichkeit bar oder mit den sogenannten „Hoffnungswechseln" bezahlt. Auf den Versorgungslinien, die durch sämtliche Gebiete gehen, müssen einige Stationen eingerichtet werden, in denen man die Waren umschlagen und sich tagsüber verbergen kann, um seinen Weg in der Nacht fortzusetzen. Diese Stationen dürfen nur den Leuten bekannt sein, die unmittelbar an der jeweiligen Versorgungslinie beschäftigt sind.

Abschließend kann gesagt werden, daß die Guerilleros bei Beachtung der hier genannten Gesichtspunkte, wenn sie sich auf die mit ihnen sympathisierenden Teile der Bevölkerung, besonders die Bauern, stützen, ein gut funktionierendes Versorgungssystem errichten können.

2. Die Organisation der zivilen Verwaltung

Diese Frage ist im Guerillakrieg sowohl für die äußere als auch für die innere Front von großer Bedeutung. Selbstverständlich hat die zivile Verwaltung für die beiden Fronten unterschiedliche Funktionen und Besonderheiten. Aber die Ziele, die in beiden Fällen verfolgt werden, sind dieselben.

So werden zum Beispiel an der inneren und äußeren

Front Steuern erhoben, wobei die Bedingungen in beiden Fällen nicht gleich sind. Das gleiche trifft auch auf die Propaganda und die Versorgung zu.

Befassen wir uns zunächst mit den zivilen Organen an der inneren Front.

Unter dem Begriff „innere Front“ verstehen wir das mehr oder weniger von der Guerilla beherrschte Gebiet. In der Regel wird es sich um ein für Guerillaoperationen günstiges Gebiet handeln.

An der inneren Front sind eine Reihe administrativer Organe zur Normalisierung des Lebens zu schaffen. Obwohl die Propaganda unmittelbar der Guerillaarmee untersteht, soll sich unter ihrer Kontrolle auch die zivile Verwaltung damit befassen. Diese Frage ist überaus wichtig, und wir werden uns deshalb mit ihr noch besonders beschäftigen.

Die Normalisierung des Lebens in den von den Guerilleros besetzten Gebieten macht es notwendig, daß Steuern erhoben und verschiedene andere Formen der gegenseitigen Beziehungen und der Zusammenarbeit zwischen den Guerilleros und der Bevölkerung geschaffen werden.

Wie wir schon im vorangegangenen Abschnitt anführten, können Steuern oder Abgaben in verschiedenen Formen erhoben werden. Es können dies direkte oder indirekte Steuern, freiwillige Spenden, gesetzlich verordnete Abgaben und auch Konfiskationen sein. Sie spielen für die Versorgung der Guerillaarmee eine außerordentlich große Rolle.

Die Guerilleros dürfen der Bevölkerung des von ihnen besetzten Gebietes aber nicht zu schwere wirtschaftliche Opfer auferlegen. In den Fällen, in denen das Gebiet von feindlichen Truppen blockiert wird, kann man allerdings nicht immer auf Zwangserhebungen verzichten. Da aber solche Maßnahmen von der feindlichen Propaganda, in starkem Maße demagogisch entstellt, dazu ausgenutzt werden, Konflikte zwischen den Guerilleros und der Bevölkerung heraufzubeschwören, sollte man nur im äußersten Notfall dazu greifen. Man darf zum Beispiel auch keine Verordnung erlassen, die es den Bauern verbietet, ihre Erzeugnisse außerhalb des Guerillagebietes zu verkaufen. Ein Abweichen von dieser Regel ist nur dann vorübergehend zulässig, wenn außerordentliche Umstände dazu zwingen, die man dann aber den Bauern unbedingt erklären muß. Ehe die Guerillaarmee irgendeine Maßnahme durchführt, ist das damit verfolgte Ziel durch die ständige Propagandaabteilung der Bevölkerung eingehend zu erläutern. Die Bauern, deren Söhne, Väter oder Brüder schließlich in den Reihen der Guerillaarmee kämpfen und die diese deshalb als ihre eigene Armee ansehen, werden sich dann den Notwendigkeiten nicht verschließen.

Bei der Behandlung der Beziehungen der Guerilleros zu den Bauern muß man auch etwas über die Organe sagen, die die Beziehungen der Guerilleros zu der außerhalb der befreiten Gebiete wohnenden Bevölkerung festigen sollen. Durch diese Organe wird es den Guerilleros möglich sein, auf die anliegenden Territorien vorzudringen und ihr Operationsgebiet zu vergrößern. Die Bauern werden in diesen Gebieten die Wahrheit verbreiten, die Ziele der Guerilla mit allen Mitteln propagieren, vom Leben in der Guerillazone erzählen und auch darüber berichten, was in diesen Gebieten alles zur Verteidigung der Interessen der armen Bauern getan wird und welche hohen moralischen und kämpferischen Eigenschaften die Guerilleros haben. Kurz gesagt, es werden auf diese Weise auch in den benachbarten Gebieten alle Voraussetzungen für ihre Befreiung durch die Guerilla geschaffen.

Die zur Arbeit unter den Bauern gebildeten Organe haben aber auch dafür zu sorgen, daß die Ernte reibungslos eingebracht und die Produkte, wenn es notwendig wird, sogar in das noch vom Feind besetzte Gebiet verkauft werden können. Dazu bedient man sich mehr oder weniger loyaler Händler als Vermittler, weil diese, so abgeneigt sie auch der Revolution gegenüberstehen mögen, jedes Risiko eingehen, wenn sie dabei verdienen können.

Wenn man über die Organisation der Versorgung spricht, darf man den Straßenbau nicht vergessen. Erreicht eine Guerillabewegung ein bestimmtes Entwicklungsstadium und verfügt sie über eine mehr oder weniger stabile Basis, wird sie nicht umhin können, sich Verbindungswege zu schaffen. Das beginnt mit der Anlage primitiver Pfade für Maultiertransporte und endet bei gut ausgebauten Autostraßen. Dabei muß man einmal die Möglichkeiten der Guerillaarmee und zum anderen die des Gegners berücksichtigen, der diese Straßen möglicherweise zerstören oder bei den Gegenangriffen dazu benutzen kann, bis ins Zentrum des Guerillagebietes vorzudringen.

Straßen werden nur dort angelegt, wo es die Sicherung der Versorgung unbedingt erfordert. Auf jeden Fall legen die Guerilleros nur dann Straßen an, wenn alle Voraussetzungen bestehen, daß sie im Falle feindlicher Überfälle ihre Positionen halten können.

Außerdem werden sich die Guerilleros in den von ihnen befreiten Gebieten auch noch andere Verbindungsmittel schaffen. Eines dieser Mittel, und zwar ein sehr wichtiges, ist die Telefonverbindung, die sich in Gebirgsgegenden leicht legen läßt, wobei man Bäume als Masten benutzen kann. Eine auf diese Weise gelegte Telefonleitung hat gleichzeitig noch den Vorteil, daß sie von der feindlichen Luftaufklärung nicht entdeckt werden kann.

Eine für das von der Guerilla beherrschte Gebiet lebenswichtige Einrichtung ist das oberste Verwaltungs-

und Gerichtsorgan. Dieses Organ muß von Menschen geleitet werden, die die Gesetze des Landes kennen, mit den Nöten der Bevölkerung des betreffenden Gebietes vertraut und fähig sind, eine Reihe von Verordnungen und Dekreten zu erlassen mit dem Ziel, eine revolutionäre Ordnung und Gesetzlichkeit zu gewährleisten. Hier ein Beispiel aus den Erfahrungen der kubanischen Guerilla: Dieses bei uns „Auditoria" genannte Organ hat eine Strafrechts- und eine Bürgerrechtsordnung sowie Verordnungen über die Versorgung der Bauern und über die Durchführung einer Agrarreform erlassen. Außerdem löste es die finanztechnischen Aufgaben, befaßte sich mit den Geldmitteln der Guerilla und griff manchmal auch in Fragen der Versorgung ein.

Die von uns hier gemachten Ausführungen sind ebenfalls lediglich als Empfehlung aufzufassen, die auf Erfahrungen eines bestimmten Landes mit ihm eigenen geographischen und historischen Besonderheiten basieren. Unsere Erfahrungen können also nicht schematisch übernommen werden. Jede Guerillabewegung muß für ihre Tätigkeit jeweils unbedingt die geographischen, historischen und sozialen Gegebenheiten des betreffenden Landes berücksichtigen.

In dem von der Guerilla kontrollierten Gebiet müssen die Guerilleros auch die medizinische Betreuung der Bevölkerung organisieren, verschiedene Krankenhäuser, Polikliniken und Ambulatorien einrichten, um der Bevölkerung allseitige medizinische Hilfe geben zu können. Der Erfolg aller Maßnahmen auf diesem Gebiet hängt von den Gegebenheiten der betreffenden Entwicklungsetappe der Guerillabewegung ab. Die Krankenhäuser und überhaupt die ganze medizinische Betreuung wird den unmittelbaren Kontakt der Guerilla zur Bevölkerung festigen. Denn die Institutionen zur medizinischen Betreuung werden von Offizieren und Kämpfern der Guerillaarmee geleitet. Neben der medizinischen Betreuung der Bevölkerung haben diese Institutionen aber auch Maßnahmen des Gesundheitsschutzes zu propagieren. Das ist um so notwendiger, als große Teile der Bevölkerung lateinamerikanischer Länder nicht einmal die elementarsten Regeln der Hygiene kennen und noch unter menschenunwürdigen Bedingungen leben.

Das Wirken der zivilen Organe an der äußeren Front unterscheidet sich sowohl in quantitativer als auch in qualitativer Hinsicht von dem an der inneren Front. Die Propaganda wird zum Beispiel die gesamtnationalen Momente besonders herausarbeiten. Sie werden den Massen in den noch vom Gegner besetzten Gebieten von den Siegen der Guerilla berichten und ihnen die Bedeutung der errungenen Siege erläutern, die Arbeiter und Bauern zum aktiven Kampf auffordern. Abgaben und Steuern werden absolut geheim und mit größter Vorsicht erhoben. Zwischen den Steuereinziehern an der äußeren Front und dem Schatzmeister der Guerillaeinheit darf es keine direkten Beziehungen geben. Das ganze Territorium der äußeren Front wird dazu in einzelne Zonen aufgeteilt, in denen besondere Finanzkommissionen die dort aufgebrachten Mittel verwalten. Sie unterstehen einer zentralen Leitung.

Die Versorgungsorgane müssen an der äußeren Front dafür sorgen, daß vor allem der Bedarf der Guerilla gedeckt wird. Die gängigsten Warenarten sollten dabei in den von Guerilleros besetzten Gebieten und diesen nahegelegenen Bezirken beschafft werden, aus den entfernteren Gebieten und Zentren des vom Gegner noch besetzten Gebietes dagegen nur die Waren des dringendsten Bedarfs, die sonst nirgends zu bekommen sind. Wenn solch ein Versorgungssystem lange Zeit hindurch gut funktionieren soll, darf nur ein ganz kleiner Kreis zuverlässiger Leute damit beschäftigt werden.

Sabotageakte an der äußeren Front sind mit dem zentralen Kommando der Guerilla abzustimmen. In sehr sorgfältig zu überprüfenden Sonderfällen kann man auch gezwungen sein, ein Attentat durchzuführen, zum Beispiel, um einen Menschen zu richten, der sich bei Repressalien durch seine grausamen Verbrechen am ganzen Volk vergangen hat. Die Erfahrungen der kubanischen Revolution zeigen, daß der Tod vieler unserer hervorragenden Compañeros hätte vermieden werden können, wenn solche Verbrecher rechtzeitig unschädlich gemacht worden wären. Zu Attentaten sollte man aber nur in solchen Fällen greifen, in denen nach reiflicher und allseitiger Überlegung keine andere Wahl bleibt. Viel wichtiger ist es, mit der Bevölkerung zu arbeiten, die revolutionären Ideen zu verbreiten und das politische Bewußtsein der Menschen zu heben, um zu erreichen, daß sie sich im gegebenen Moment mit Unterstützung der bewaffneten Kräfte zum Kampf erheben und der Revolution zum Sieg verhelfen.

Es ist daher unerläßlich, daß man mit den Organisationen der Arbeiter und Bauern eng zusammenarbeitet, die die Ideen der Revolution unter ihren Mitgliedern verbreiten. Über diese Organisationen kann man die Massen mit den revolutionären Zielen der Guerillaarmee bekannt machen, deren Publikationen die Wahrheit über die Entwicklung der Ereignisse im Lande verbreiten. Wahrheit und Aufrichtigkeit sind die Charakterzüge der revolutionären Propaganda. Nur mit der Wahrheit kann man die Massen erobern, ihre mutigsten Vertreter für die Guerillaarmee oder für die verschiedensten verantwortlichen Aufgaben gewinnen.

Das sind also die Aufgaben der Organe der zivilen Verwaltung innerhalb und außerhalb des Guerillagebietes während des entfalteten Volkskampfes. Je nach den Umständen können selbstverständlich noch andere hinzukommen. Ich wiederhole, daß alles, was von mir hier dargelegt wurde, auf den Erfahrungen der kubanischen

Revolution beruht und nur als Anregung betrachtet, aber nicht schematisch auf eine ähnliche Situation in einem anderen Land übertragen werden kann. Ich lege ein Muster vor und keine Bibel.

3. Die Rolle der Frauen in der Revolution

Die Frauen spielen in einer Revolution keine geringe Rolle. Man muß das hervorheben, weil diese Rolle in unseren Ländern mit ihren kolonialen Traditionen bisher unterschätzt wurde.

Die Frauen können mit den schwersten Aufgaben betraut werden, Schulter an Schulter mit den Männern bestehen sie die schwersten Kämpfe und – entgegen den Beteuerungen mancher Leute – zersetzen sie durch ihre Anwesenheit in keiner Weise die Moral einer Guerillaarmee.

Die Frauen sind den schweren Bedingungen des Guerillalebens durchaus gewachsen. Sie werden mit den Schwierigkeiten dieses Lebens nicht nur ebensogut fertig wie die Männer, sondern sie bringen es sogar fertig, durch ihr Wirken ganzen Guerillakollektiven das Leben durch gewisse häusliche Annehmlichkeiten zu erleichtern. Ohne Zweifel besitzen die Frauen weniger Kräfte als die Männer, aber sie sind nicht weniger ausdauernd. Die Frauen können die vielfältigsten Kampfaufgaben lösen. In bestimmten Perioden der kubanischen Revolution haben die Frauen eine hervorragende Rolle gespielt.

Im allgemeinen gibt es unter den Guerilleros nur wenige Frauen. Und wenn sich die innere Front soweit konsolidiert hat, daß man sie nicht mehr unbedingt in den im Kampfeinsatz stehenden Einheiten benötigt, kann man ihnen verschiedene andere Aufgaben übertragen. Eine der wichtigsten ist die Wahrnehmung von

Verbindungen mit anderen Kampfeinheiten, besonders mit solchen, die auf feindlichem Territorium operieren. Die Überbringung bestimmter Gegenstände, Post, Geld oder Mitteilungen sollte man zuverlässigen Frauen anvertrauen. Die Frauen können diese Dinge leichter übermitteln als Männer. Sie können sich besser tarnen und bei Repressalien oder Visitationen des Gegners mit mehr Nachsicht rechnen als Männer. Deshalb sind gerade die Frauen besonders dazu in der Lage, solche Aufgaben mit Erfolg durchzuführen. Der feindliche Soldat, dem bekannt ist, daß die Guerilleros ihre Angriffe immer überraschend durchführen, wird aus Angst vor ihnen jedem fremden Mann größtes Mißtrauen entgegenbringen. Eine Frau aber wird bei ihm den wenigsten Verdacht erregen. Ihr wird es deshalb leichter sein, Nachrichten oder anderes über die Grenze des Guerillagebietes zu bringen oder sogar die Grenzen des Landes zu übertreten.

Die Frauen können aber auch in den Einheiten der Guerilla mit anderen Aufgaben betraut werden, zum Beispiel mit der Zubereitung des Essens für die Kämpfer. Für einen Menschen, der das schwere Guerillaleben führt, ist es sehr angenehm, wenn er statt seines schnell selbst zurechtgemachten Essens schmackhaft zubereitete Mahlzeiten bekommt. Die Frauen erledigen das Kochen und die vielseitigen anderen häuslichen Arbeiten mit großer Freude und sorgen damit auf ihre Weise dafür, daß auch in dieser Hinsicht in das Leben der Guerilla eine gewisse Ordnung kommt. Konnten wir doch beobachten, daß sich die Guerilleros zu solchen Arbeiten immer recht oberflächlich verhielten und bestrebt waren, so schnell wie möglich wieder einen Kampfauftrag zu erhalten, um davonzukommen.

Eine sehr wichtige Aufgabe, die ebenfalls von Frauen gelöst werden kann, besteht darin, den Analphabeten unter den Guerilleros und den Bauern der befreiten Zone das Lesen und Schreiben beizubringen und ihnen die Fragen der revolutionären Theorie zu erläutern. Die Entwicklung des Schulwesens gehört zu den Aufgaben der zivilen Verwaltung und obliegt in der Hauptsache den Frauen, die ihre Schüler zu großen Leistungen anzuspornen vermögen und sich bei ihnen einer großen Autorität erfreuen.

Im Rahmen der weiteren Entwicklung der Guerillabewegung und einer weiteren Festigung des Hinterlandes können die Frauen auch dazu beitragen, daß die wirtschaftlichen und sozialen Unzulänglichkeiten der betreffenden Zone aufgedeckt und beseitigt werden.

Ein Arbeitsgebiet eröffnet sich den Frauen im medizinischen Dienst. Als Krankenschwestern oder Ärztinnen werden sie sich zu ihren Patienten immer zartfühlender und fürsorglicher verhalten als Männer. Das ist besonders wichtig für Schwerverwundete, die größte Schmerzen erdulden oder in Lebensgefahr schweben und auf das sorgfältigste betreut werden müssen.

Bei der Einrichtung einer Guerillaindustrie können die Frauen ebenfalls wertvolle Dienste leisten. Wir denken nur an das Nähen von Uniformen, weil das Nähen in den lateinamerikanischen Ländern eine traditionelle Frauenbeschäftigung ist.

Die Frau kann den Mann auch bei allen anderen zivilen Arbeiten ersetzen.

Unter besonderen Umständen können sie sogar mit der Waffe kämpfen, aber dafür besteht im Guerillakampf nur in den seltensten Fällen eine Notwendigkeit.

Die den Guerillaeinheiten beitretenden Frauen und Männer sollten eine entsprechende Vorbereitung erhalten mit dem Ziel, die Moral der Angehörigen der Guerillaarmee zu festigen und weitestgehend zu erhöhen. Unter Beachtung der Gesetze des Guerillalebens kann man Menschen, die sich lieben, ohne weiteres gestatten, eine Ehe einzugehen.

4. Die medizinische Betreuung

Das Leben des Guerilleros ist sehr schwer, und besonders dann, wenn er verwundet oder krank ist. Daraus erwächst dem Arzt der Einheit eine besonders verantwortungsvolle Aufgabe. Im Verlauf des Guerillakrieges erweist er den Kämpfern nicht nur allseitig medizinische Hilfe, sondern er kämpft nicht selten im wahrsten Sinne des Wortes um ihr Leben. Reichen seine vorhandenen medizinischen Mittel nicht aus, hilft er seinen Patienten, die ihr ganzes Vertrauen in ihn setzen, allein schon durch seine Anwesenheit.

Die Möglichkeiten der medizinischen Betreuung der verwundeten oder kranken Kämpfer in den Lazaretten werden vom Entwicklungsgrad der Guerillabewegung bestimmt. Hiervon ausgehend, unterscheiden wir drei hauptsächliche Organisationformen.

In der ersten Periode des Guerillakrieges sind Feldlazarette angebracht. In dieser Etappe führt der Arzt der Einheit das gleiche Leben wie seine Compañeros. Er ist Kämpfer wie die anderen Angehörigen der Einheit und erfüllt oft die gleichen Aufgaben wie die anderen Guerilleros. Er nimmt auch an den Angriffen teil. Gleichzeitig damit erfüllt er noch die überaus schwierige und in manchen Fällen kaum zu bewältigende Aufgabe, das Leben seiner Compañeros unter völlig unzureichenden Voraussetzungen zu erhalten. Dessenungeachtet nimmt der Arzt in dieser ersten Etappe des Guerillakrieges einen wichtigen Platz ein und hat einen großen Einfluß auf die Kampfmoral der Guerilleros. Sie sehen in ihm ihren Compañero und vertrauen ihm, auch wenn er ihnen als Arzt oft nur unzureichend helfen kann. Für einen Menschen, der große Schmerzen erduldet, hat selbst eine einfache Aspirintablette, die ihm die Hand eines Freundes reicht, eine große Wirkung. Die Ärzte, die sich bereits in den ersten Kampfperioden der Guerilla anschließen, sind Menschen, die den revolutionären Idealen treu ergeben sind. Ihre Worte haben bei den einfachen Guerilleros ein großes Gewicht.

Bei einer normalen Entwicklung des Guerillakrieges folgt seiner ersten Etappe sehr bald die zweite, die als die „halbseßhafte“ bezeichnet werden kann. In dieser Etappe haben die Guerilleros bereits Lager und Stützpunkte oder auch Häuser zuverlässiger Freunde, in denen sie sich ausruhen können oder ihre Sachen unterstellen und in manchen Fällen sogar ihre Verwundeten zurücklassen können. In dieser Etappe entwickelt sich auch immer mehr ein geordnetes Lagerleben. Jetzt hat es der Arzt schon weniger schwer, seine Aufgaben zu lösen. Er kann schon einige notwendige chirurgische Instrumente sowie einige zusätzliche Medikamente und Ausrüstungen mitnehmen oder im Hause eines zuverlässigen Freundes der Guerilla unterstellen. Auch wird es ihm schon möglich sein, unter bestimmten Voraussetzungen, in Ruhe verwundete Guerilleros zu operieren. Die Betreuung der Kranken und Verwundeten kann er Bauern anvertrauen, die sich dieser Aufgabe gern widmen. Diese halbseßhafte Etappe gestattet es auch, größere Mengen an Medikamenten zu beschaffen und an geeigneten Orten aufzubewahren. Ja, man kann in dieser Etappe bereits dazu übergehen, in für den Gegner unzugänglichen Gebieten in Bauernhäusern provisorisch stationäre Lazarette einzurichten.

In der dritten Etappe, in der die Guerilleros ganze Bezirke kontrollieren, kann man dann ein ganzes Netz solcher Lazarette schaffen.

Schließlich kann man ein ganzes System der medizinischen Betreuung in drei Etappen aufbauen. In der ersten Etappe wird der Arzt gleichzeitig auch Kämpfer sein, der ebenso wie alle anderen am aktiven Kampfleben teilnimmt. Er braucht kein hochqualifizierter Spezialist zu sein. In der ersten Etappe kommt es in der

Hauptsache darauf an, daß die Kämpfer die Gewißheit haben, im Falle einer Verwundung auf ärztliche Hilfe rechnen zu können, daß ihnen Erste Hilfe erwiesen wird und ihre Leiden gemildert werden. Richtig behandelt werden sie dann hinten in den Lazaretten, wohin sie schnellstmöglich abtransportiert werden müssen. Hochqualifizierte Chirurgen wird man deshalb nicht in der ersten Etappe verwenden.

Die Verwundeten werden von Sanitätern auf Tragen zum medizinischen Stützpunkt gebracht. In Guerillagruppen, die keine Sanitäter haben, wird diese Aufgabe von anderen Compañeros übernommen.

Abhängig von den Gegebenheiten des Geländes können Verwundete auf die verschiedenste Weise transportiert werden. In Waldgebieten oder in gebirgigem Gelände empfiehlt es sich, die Verwundeten in einer Hängematte zu transportieren, die an einer langen Stange befestigt wird.

Eine solche improvisierte Krankentrage wird von zwei hintereinandergehenden Guerilleros auf den Schultern getragen, die in bestimmten Zeitabständen von anderen Compañeros abgelöst werden.

Vom medizinischen Stützpunkt wird der Verwundete ins Lazarett gebracht, wo er von Spezialisten, meist Chirurgen, weiter behandelt und, wenn notwendig, operiert wird. Ein solches Lazarett gehört zu der zweiten Etappe der medizinischen Betreuung des Guerillakampfes.

In der dritten Etappe werden auf dem vom Feinde befreiten Territorium gut ausgestattete stationäre Lazarette eingerichtet, in denen Sonderbehandlungen durchgeführt werden und alle Ursachen und Besonderheiten von Krankheiten wissenschaftlich untersucht werden, von denen möglicherweise die ganze Bevölkerung bedroht ist. Diese Lazarette sind nicht nur Heilstätten, sondern führen in ständigem Kontakt mit der Bevölkerung des betreffenden Gebietes auch andere notwendige sanitär-hygienische Maßnahmen durch. Auch alle nur möglichen prophylaktischen Maßnahmen sollten von ihnen durchgeführt werden.

Abhängig von den Möglichkeiten der zivilen Verwaltung sollten die Lazarette der dritten Etappe über alle notwendigen medizinischen Ausrüstungen, wie die verschiedensten Laboratorien und Röntgeneinrichtungen, verfügen, die es gestatten, gründliche Diagnosen zu stellen.

Der Arzt in der Guerillaarmee braucht natürlich auch Helfer. Dazu eignen sich besonders Jugendliche, die sich zur Medizin hingezogen fühlen, über einiges medizinisches Grundwissen und über die notwendigen physischen Kräfte verfügen. Diese Helfer tragen keine Waffen. Sie erweisen auch im Kampf den Verwundeten Erste Hilfe, betreuen die Patienten und geben Medikamente aus.

Die Versorgung der Guerilla mit den notwendigen Medikamenten ist eine äußerst wichtige Frage. In der ersten Etappe des Guerillakrieges muß man die Medikamente in der Hauptsache aus dem noch vom Feind besetzten Gebiet heranschaffen. Erst später besteht dann die Möglichkeit, sie über die internationale Organisation zu bekommen.

In besonderen Lagen muß man besondere Gruppen organisieren, die sich nur mit der Beschaffung der notwendigen Medikamente für die Krankenhäuser und Lazarette befassen. Darüber hinaus sollten die Guerilleros, wenn sie nicht über genügend Medikamente verfügen, auch mit den Ärzten der umliegenden Bezirke Verbindung aufnehmen, damit sie ihnen Medikamente abgeben oder die Behandlung der verwundeten und kranken Guerilleros übernehmen.

An die Ärzte werden im Guerillakrieg höchste Anforderungen gestellt. In der ersten Periode des Krieges nehmen sie unmittelbar an den Kampfhandlungen teil, sind sie Kämpfer unter Kämpfern mit den gleichen Pflichten und helfen unmittelbar in Kämpfen verwundeten Compañeros. Erst später, in dem Maße, in dem die Guerillabewegung wächst und eine Reihe medizinischer Einrichtungen entstehen, können sie sich mehr und mehr ihrer eigentlichen Aufgabe widmen. Schließlich werden sie nur noch auf ihrem Fachgebiet arbeiten, als Chirurgen, ihnen zur Seite die Anästhesisten, um alle Operationen unter Narkose durchführen zu können, als Orthopäden, als Internisten oder als Zahnärzte.

5. Die Sabotage

Die Sabotage ist in den Händen der um ihre Befreiung kämpfenden Völker eine unschätzbare Waffe. Die Sabotage gehört zum Bereich des Untergrundkampfes. Sie wird nur außerhalb des von der Guerilla beherrschten Gebiets durchgeführt. Die Sabotageakte werden vom Stab der Guerillaarmee vorbereitet und unter dessen unmittelbarer Leitung an von ihm ausgewählten Objekten durchgeführt, in erster Linie an für den Gegner wichtigen Betrieben, Kommunikationen und anderem.

Die Sabotage hat mit Terrorakten nicht das geringste gemein.

Wir unterscheiden zwei Arten von Sabotage: Sabotage im gesamtnationalen Maßstab an bestimmten wichtigen Objekten und Sabotage im Kampfgebiet.

Sabotage, die von Guerilleros im gesamtnationalen Maßstab durchgeführt wird, richtet sich gewöhnlich gegen die Kommunikation des Gegners durch die Zerstörung von Telegrafen- und Telefonleitungen, Brücken, Eisenbahnanlagen und -transporten oder Ölleitungen. Dazu gibt es die verschiedensten Mittel und Methoden.

Ist die Zeit dazu reif, zerstören die Guerilleros auch

für den Gegner lebenswichtige Industriebetriebe. Dabei müssen sie aber die Auswirkungen einer solchen beabsichtigten Operation gut abwägen. Der Gegner muß durch sie empfindlich getroffen werden. Ohne diesen Effekt würde eine solche Aktion nur zu Massenarbeitslosigkeit und Hunger führen und sich letztlich gegen die revolutionäre Bewegung auswirken. Betriebe von eingefleischten Anhängern des volksfeindlichen Regimes sind von der Guerilla unbedingt zu zerstören, wenn dadurch keine ernsten sozialen Folgen eintreten, wobei sie allerdings den Arbeitern die Bedeutung der Aktion gründlich erläutern müssen.

Wir möchten an dieser Stelle nochmals unterstreichen, daß sich im Guerillakrieg Sabotageakte in erster Linie gegen das Nachrichtenwesen und die Verbindungslinien des Gegners richten müssen, weil ihm dadurch wichtige Voraussetzungen zur Bekämpfung der aufständischen Kräfte des Volkes genommen werden. Das ist es, was wir unbedingt von der Sabotage wissen müssen.

Im Kampfgebiet werden Sabotageakte in der gleichen Richtung durchgeführt, nur entschlossener, mit größerer Hartnäckigkeit und weittragenderen Folgen.

Bei der Sabotage spielen die sogenannten fliegenden Patrouillen der Guerillaarmee eine große Rolle. Sie dringen in feindliche Gebiete ein und unterstützen die Organe und Mitglieder der Untergrundorganisation bei der Ausführung von Sabotageakten. In der Kampfzone ist die Sabotage besonders auf die Zerstörung der Kommunikationen des Gegners sowie aller Betriebe gerichtet, die für ihn Kriegsmaterial herstellen.

Erwähnen wir in diesem Zusammenhang noch die Erbeutung von Waren und die Zerstörung des feindlichen Versorgungssystems. Nötigenfalls muß man auch Großgrundbesitzer, die ihre Waren an den Gegner verkaufen wollen, mit allen Mitteln davon abhalten. In einem solchen Fall kann man die Fahrzeuge, mit denen die Waren abtransportiert werden sollen, vernichten oder die Straßen sperren. Geht es darum, Straßen und besonders Straßenkreuzungen zu zerstören, sollte man, wenn keine unbedingte Notwendigkeit dazu besteht, den Feind nicht angreifen, da er dadurch nur vorzeitig von der Anwesenheit der Guerilleros Kenntnis erhält und die Durchführung des beabsichtigten Sabotageaktes gefährdet wird. Ist es erforderlich, die Truppen des Gegners anzugreifen, um eine solche Aktion durchzuführen, muß man für den Feind unerwartet angreifen und sich dann sofort zurückziehen.

Wenden die Guerilleros die Sabotage richtig an, wird es ihnen gelingen, das normale Leben in den Städten oder Zentren, auf die sich der Gegner stützt, immer nachhaltiger zu stören und schließlich vollständig zu paralysieren.

6. Die Kriegsindustrie der Guerilla

In einem Guerillakrieg kann die Kriegsindustrie erst in seinen späteren Entwicklungsetappen entstehen. Das Entstehen und die Entwicklung einer Kriegsindustrie sind gleichzeitig von den geographischen Bedingungen abhängig, unter denen die Guerillaeinheiten operieren.

Wenn sich die Versorgungszentren unter der Kontrolle des Gegners befinden, wird es erforderlich, daß die Guerilleros verschiedene Betriebe in den von ihr beherrschten Gebieten einrichten. Die wichtigsten Betriebe sind Schuhmacher- und Sattlerwerkstätten. Ohne festes Schuhwerk kann sich eine Guerillaeinheit im Gebirge und im Waldgelände, wo es viele scharfe Steine und stachlige Gewächse gibt, überhaupt nicht bewegen. Nicht einmal die einheimische Bevölkerung kommt in solchem Gelände ohne Schuhwerk aus, um so weniger die Guerilleros, die ständig unterwegs sind. Für sie sind feste Schuhe unerläßlich. Unter den gegebenen Verhältnissen gibt es zwei Arten von Werkstätten. In den einen werden Schuhe repariert, und in den anderen werden neue Schuhe gefertigt.

Diese Werkstätten müssen mit allen erforderlichen Ausrüstungen und Materialien versehen sein. Die Ausstattung läßt sich ohne Mühe beschaffen.

Auch Sattlerwerkstätten muß man einrichten, in denen Patronentaschen, Tornister und andere Dinge aus Leder oder festen Stoffen angefertigt werden, die, obwohl sie für die Guerilleros nicht so unbedingt notwendig sind wie Schuhe, ihm aber doch von großem Nutzen sind.

Sehr wichtig sind für die Guerillaeinheiten Waffenmeistereien, in denen alle an den Waffen notwendigen Reparaturen ausgeführt und Einzelteile angefertigt werden können. Darüber hinaus können die Guerilleros in diesen Waffenmeistereien auch Kampfmittel wie Minen verschiedener Typen und unter günstigen Bedingungen sogar Pulver herstellen. Durch die eigene Produktion von Sprengstoffen und Explosivkörpern in den befreiten Gebieten wird die Guerilla in ihrer Kampfführung schlagkräftiger werden.

Ebenso ist die Versorgung der Einheiten mit selbsthergestellten Zündern nicht unwichtig.

Auch andere Betriebe sind für die Guerilleros von großem Nutzen, zum Beispiel Schmieden und Klempnereien. In den Schmieden werden für die Maulesel Geschirrteile und Hufeisen gefertigt und in den Klempnereien Töpfe, Schüsseln, Teller, Feldflaschen und anderes mehr. Auch die Einrichtung einer kleinen Gießerei ist nicht unwichtig. In ihr können aus eingeschmolzenen Altmetallen Granaten und Sprengkörper gefertigt werden.

Zweckmäßig ist es auch, eine Reparaturkolonne aufzustellen, die in der Lage ist, die verschiedensten Arbeiten in relativ kurzer Zeit auszuführen.

Auch eine Stelle zur technischen Überwachung und Betreuung der Nachrichtenmittel wie Telefon und Telegraf muß geschaffen werden, die zugleich auch die der zivilen Verwaltung unter ihre Obhut nimmt und sie in ständiger Einsatzbereitschaft hält. Darf man doch nie außer acht lassen, daß eine Guerillaeinheit überfallen werden kann und das Schicksal vieler Menschen von der Funktionstüchtigkeit der Nachrichtenmittel in hohem Maße abhängt.

Um den Bedarf der Guerilleros an Tabakwaren zu decken, ist es erforderlich, auch eine Fabrik einzurichten, in der Zigaretten, Zigarren und Pfeifentabak hergestellt werden. Die Rohstoffe werden von den Versorgungsorganen aufgekauft.

Wichtig sind auch Gerbereien. Sie liefern das Rohmaterial zur Herstellung von Schuhwerk. Sie können an jedem beliebigen Ort errichtet werden, denn man braucht zum Gerben lediglich einige Bottiche aus Holz oder Zement und reichlich Salz.

In den befreiten Gebieten an der Küste kann man Salz selbst und sogar in größeren Mengen mit einfachen Vorrichtungen zum Verdampfen des Meerwassers gewinnen. Das Meer ist die beste und billigste Salzquelle, was nicht heißen soll, daß es nicht auch andere Möglichkeiten zur Gewinnung von Salz gibt.

Zur Bevorratung der Armee sind auch Betriebe zur Konservierung von Fleisch von nicht zu unterschätzender Bedeutung. Fleisch kann man gedörrt, in Fässern eingesalzen und in Büchsen konserviert längere Zeit aufbewahren.

7. Die Propaganda

Die revolutionären Ideen werden mit den verschiedensten propagandistischen Mitteln und Methoden unter den Massen verbreitet. Die Guerilla muß mit ihrer Propaganda die Bevölkerung des ganzen Landes erfassen. Sie muß einmal über die Guerillagebiete hinaus, das heißt also im gesamtnationalen Maßstab, und zum anderen innerhalb des Guerillagebietes selbst betrieben werden. Um die Propaganda immer gründlich und operativ beweglich durchführen zu können, muß sie von einem einheitlichen Organ geleitet werden.

Außerhalb der Gebiete, in der die Guerilla operiert, wird die Propaganda durch Zeitungen, Flugblätter und Proklamationen betrieben. In den großen Zeitungen werden die allgemeinen Lebensfragen der Nation behandelt und die Öffentlichkeit wahrheitsgemäß von den Aktionen der Guerilla unterrichtet. Wichtig ist, daß stets nur zuverlässige Materialien veröffentlicht werden.

Außer diesen Publikationen allgemeinen Charakters müssen auch noch andere Schriften herausgegeben werden, die sich an die verschiedensten Bevölkerungsschichten wenden. Für die Bauern bestimmte Zeitungen werden Meldungen und Berichte über das Leben der Bauern in den von der Guerilla kontrollierten Gebieten veröffentlichen, in denen die von den Revolutionären für das ganze Land erstrebten Reformen bereits durchgeführt worden sind. Diese Zeitungen müssen die Bestrebungen der gesamten Bauernschaft widerspiegeln. Das gleiche bezieht sich auch auf Zeitungen für die Arbeiterklasse, nur mit dem Unterschied, daß diese nicht immer die Möglichkeiten haben werden, über die kämpfenden Vertreter dieser Klasse zu berichten, da in der Anfangsperiode des Guerillakrieges die Guerilleros nicht in den Gebieten operieren, in denen die Arbeiterklasse konzentriert ist.

Auch die wichtigen Fragen der revolutionären Bewegung müssen von der Propaganda erläutert werden, wie zum Beispiel die Fragen der rechtzeitigen Durchführung des Generalstreiks, der den revolutionären Kräften zu gewährenden Hilfe, der Einheitlichkeit des Handelns und andere. Nach Möglichkeit sind auch noch andere Zeitungen sowie Extrablätter zu besonderen Ereignissen herauszugeben, in denen die Aufgaben des Teiles der Bevölkerung des Landes erläutert werden, der, obwohl er nicht direkt zu den Guerilleros zählt, doch gewisse Aktionen gegen das Unterdrückerregime wie Sabotageakte und Attentate durchführt. Es müssen außerdem Flugblätter herausgegeben werden, die sich direkt an die gegnerischen Soldaten wenden und diesen jeweils das mitteilen und erläutern, was das Regime vor ihnen zu verbergen trachtet. An dieser Stelle möchten wir auch auf die große Bedeutung von Informationsblättern und Proklamationen der Guerillabewegung hinweisen.

Die besten Ergebnisse werden aber durch die Propaganda im Guerillagebiet selbst erzielt. Das Ziel dieser Propaganda besteht darin, die Bewohner mit den Ideen der Aufständischen eingehend vertraut zu machen. auch in diesem Gebiet ergibt sich die Notwendigkeit, Zeitungen für die Bauern, ein Zentralorgan für die Guerillabewegung, Proklamationen und Informationsblätter herauszugeben und propagandistische Rundfunksendungen zu organisieren.

Nach unserer Auffassung sollte bereits der Titel des Zentralorgans der revolutionären Bewegung das große und vereinigende Ziel der revolutionären Bewegung symbolisieren. Die Leitartikel dieser Zeitung sollten sich ausschließlich mit den revolutionären Zielen der Guerillabewegung befassen und darauf gerichtet sein, die Leser patriotisch zu erziehen und ihre politische Aktivität zu erhöhen. Darüber hinaus sollte eine solche

Zeitung in ihrer Thematik so vielgestaltig sein, daß sie das Interesse breitester Leserkreise findet.

Die Propaganda im gesamtnationalen Maßstab erfordert auch die Herausgabe von Tageszeitungen, in denen die Ziele der Revolution beharrlich erläutert, eine Vielzahl der neuesten und genauesten Tatsachen aus dem Leben der Guerilla, Berichte über das Kampfgeschehen und andere den Leser interessierende Fragen veröffentlicht werden. Meldungen aus dem Ausland sollten sich nur auf solche Geschehnisse beschränken, die mit der revolutionären Befreiungsbewegung des Volkes im Zusammenhang stehen.

Der Rundfunk erläutert ebenfalls die von den Guerilleros erstrebten Ziele, erklärt Maßnahmen der Luftverteidigung und berichtet über die Truppenbewegungen des Gegners mit genauen Ortsangaben. Die wirksamste Form der Propaganda, die auf die Bevölkerung am nachhaltigsten wirkt, ihre Gefühle am meisten berührt und vom Gegner am wenigsten zu behindern ist, ist die vom Rundfunk verbreitete mündliche Propaganda. Der Rundfunk ist deshalb ein überaus wichtiges Propagandamittel. Das von ihm übertragene begeisternde und zündende Wort dringt dem zukünftigen Kämpfer ins Herz, gibt ihm Kraft und läßt in ihm die Entschlossenheit zur revolutionären Tat reifen. Der Rundfunk erklärt, lehrt, begeistert und hilft den Freund vom Feind unterscheiden.

Auch der Rundfunk hat sich an das Grundprinzip der revolutionären Propaganda zu halten, daß die von ihm verbreiteten Nachrichten wahr sein müssen. Eine Lüge ist, ganz gleich, wie gut sie auch gemeint sein mag, immer schlechter als die bescheidenste Wahrheit.

Der Rundfunk verbreitet die neuesten Meldungen über den Verlauf der Kampfhandlungen, erfüllt seine Hörer mit Zuversicht in den Sieg der revolutionären Sache und entlarvt schonungslos alle Machenschaften des

Gegners. Ab und zu werden auch die Führer der Revolution das Wort ergreifen, um dem Volk Rechenschaft abzulegen oder die Menschen zu revolutionären Aktionen aufzurufen. Kurz, der Rundfunk bringt all das, was der Bevölkerung und der revolutionären Bewegung von Nutzen ist.

8. Der Aufklärungs- und Informationsdienst

„Erkenne dich selbst und deinen Gegner, und du kannst hundert Schlachten schlagen, ohne auch nur eine Niederlage zu erleiden." Dieser geistreiche chinesische Sinnspruch trifft in vollem Umfang auf den Guerillakrieg zu. Es gibt nichts, was den Erfolg der Kampfhandlungen mehr begünstigt als gute und zuverlässige Informationen. Diese werden von der örtlichen Bevölkerung den Guerilleros oft spontan gegeben. Um ihrer Armee, ihrer Verteidigerin zu helfen, kommen die Menschen und berichten, was an der einen oder anderen Stelle des vom Gegner besetzten Gebietes vor sich geht.

Ungeachtet dieser erfreulichen Tatsachen, sollten die Guerilleros aber den Aufklärungs- und Informationsdienst besonders gut organisieren. Hierzu gehören die vielfältigsten Arten der Übermittlung schriftlicher Meldungen, die sowohl innerhalb des Territoriums der Aufständischen selbst als auch über dessen Grenzen hinaus durch ein gut organisiertes Nachrichtensystem übermittelt werden. Die Guerilleros müssen vor allem das Gebiet des Gegners erkunden. Männer und insbesondere Frauen müssen in diese Gebiete entsandt werden und mit den Soldaten des Gegners Bekanntschaften knüpfen, um möglichst viel nützliche Informationen zu erhalten.

Der Aufklärungs- und Informationsdienst der Guerilla muß so gut organisiert sein und arbeiten, daß sie bei ihren Operationen vor unerwarteten Zusammenstößen mit dem Gegner sicher sind und keine feindlichen Überraschungsangriffe zu fürchten brauchen.

Die Aufklärung der gegnerischen Kräfte muß im Verlauf des Guerillakrieges immer umfangreicher und exakter werden. Sie muß in der Lage sein, alle Umgruppierungen der Kräfte des Gegners in seinem Hinterland rechtzeitig zu erkunden und zu signalisieren. Obwohl man sagen kann, daß alle Bewohner der von den Guerilleros besetzten oder kontrollierten Gebiete deren Kundschafter sind, ist es trotzdem notwendig, äußerst zuverlässige Leute besonders für diese Tätigkeit auszuwählen, da die Informationen aus der Bevölkerung nicht selten an Genauigkeit zu wünschen übriglassen. Das ist nicht auf den bösen Willen der Menschen zurückzuführen. Sie vermögen nur nicht, das von ihnen Beobachtete exakt wiederzugeben.

Das soll aber nicht heißen, daß man auf die Mitarbeit der Bevölkerung verzichtet. Im Gegenteil, man muß ihre freiwillige Mitarbeit nur richtig organisieren. Man kann sich so nicht nur ein wichtiges Hilfsorgan des Aufklärungs- und Informationsapparates, sondern auch ein Instrument der Gegenpropaganda unter den feindlichen Soldaten schaffen. Der Aufklärungs- und Informationsdienst muß in seiner Arbeit in hohem Maße wendig und beweglich sein. Werden durch ihn die Pläne des Gegners präzise aufgeklärt, wird man den feindlichen Schlägen immer ausweichen oder gewappnet begegnen und ihn selbst an seiner schwächsten Stelle empfindlich treffen können.

9. Die militärische Ausbildung und die politische Erziehungsarbeit

Die Ausbildung der Freiheitskämpfer erfolgt grundsätzlich durch die Praxis. Es kann keinen Anführer geben, der nicht durch den täglichen Umgang mit den Waffen seinen schwierigen Beruf erlernt hätte. Die Soldaten einer Guerillaarmee leben mit ihrem Kommandeur ständig zusammen. Sie eignen sich seine Erfahrungen in der Beherrschung der Waffen an, von ihm lernen sie, sich im Gelände orientieren, wie man mit der Bevölkerung umgeht, wie man kämpft und anderes mehr. Von einer militärischen Ausbildung im üblichen Sinne kann zu Beginn des Guerillakrieges keine Rede sein. Sie wird erst dann möglich, wenn das beherrschte Gebiet beträchtliche Ausmaße hat und wenn es für die neuen Kämpfer erforderlich ist. Dann werden für die der Guerilla zuströmenden Freiwilligen, die die Feuertaufe des Guerillakrieges noch nicht erhalten haben, Lager und Schulen geschaffen, in denen sie ausgebildet werden. Erst wenn sie die ganze Schwere des Guerillalebens kennengelernt haben, werden sie in die Guerillaarmee eingereiht.

Die Rekruten werden in diesen Ausbildungslagern und Schulen vor allem sportlich gestählt. Gymnastische Übungen machen sie gewandter und bereiten sie darauf vor, Hindernisse zu überwinden; Märsche kräftigen ihre Widerstandsfähigkeit. Die Rekruten werden außerdem daran gewöhnt, unter freiem Himmel zu leben, das schlechteste Wetter zu ertragen, kurz gesagt, sie lernen, unter Bedingungen zu leben, die dem Leben in einer Guerillaeinheit soweit wie möglich angeglichen sind.

Das Leben in diesen Ausbildunsstätten der Guerilleros ist nach Möglichkeit so zu organisieren, daß sie das Versorgungssystem der Guerillaarmee nicht belasten, sondern die benötigten Lebensmittel selbst produzieren, indem die an der Ausbildung Teilnehmenden auch dazu eingesetzt werden, Vieh aufzuziehen, Äcker zu bestellen sowie Gemüse und Obst anzubauen. Nach unserer Auffassung ist es richtig, wenn diese Arbeiten auf der Basis der Freiwilligkeit durchgeführt werden, um erzieherisch auf sie einzuwirken.

Nach Möglichkeit sollte jedem Ausbildungslager auch eine Ambulanz zur Verfügung stehen.

Die Schießausbildung ist das Hauptelement der militärischen Ausbildung, denn ein Guerillero muß gut schießen können und dabei so wenig wie nur eben möglich Munition verbrauchen. Die Schießausbildung beginnt mit Zielübungen am Stand. Dabei bedient man sich einer primitiven Vorrichtung aus vier paarweise gekreuzt in den Boden gesteckter Stäbe, auf deren Gabelungen ein Gewehr befestigt wird, dessen Lauf auf eine in einem bestimmten Abstand von dieser Vorrichtung aufgestellte Tafel gerichtet ist.

Bei den Zielübungen wird die Waffe nicht berührt, lediglich die gegen die Tafel gehaltene Zielscheibe wird verändert. Der Schütze visiert dreimal an, wobei die Zielscheibe auf seinen Zuruf hin verschoben wird, bis er ihr Zentrum im Visier hat. Wenn bei diesen Zielübungen die Richtpunkte auf der Tafel, auf die das Gewehr einvisiert ist, mit den vom Schützen durch Zuruf eingewiesenen Zielscheibenstellungen dreimal hintereinander übereinstimmen, kann das Ergebnis als ausgezeichnet angesprochen werden.

Wenn genügend Munition vorhanden ist, sollte man anschließend an diese Zielübungen zum Scharfschießen übergehen.

Auch die Ausbildung in der Verteidigung gegen Angriffe des Gegners aus der Luft ist sehr wichtig.

Auf keinen Fall darf in einer solchen Ausbildungsstätte der allgemeinbildende Unterricht fehlen. Die Unterricht ist deshalb so wichtig, weil viele junge Menschen mit völlig unklaren Vorstellungen über die Ursachen und Ziele der Befreiungsbewegung zu der Guerilla kommen, oft nichts oder nur sehr wenig von den Ideen wissen, für die sie kämpfen wollen. Deshalb muß die politisch-erzieherische Arbeit so intensiv wie möglich sein.

Den Schülern sollten auch elementare Kenntnisse der Geschichte der Heimat vermittelt werden. An Hand konkreter Beispiele müssen ihnen die ökonomischen Ursachen der historischen Erscheinungen erläutert werden. Viele von ihnen werden hier erstmals von den Nationalhelden ihres Landes und deren Kampf gegen diese oder jene Form der Unterdrückung erfahren. Nicht zuletzt sind diese jungen Kämpfer auch politisch zu schulen.

Für die Lehrer an diesen Ausbildungsstätten sollte man Qualifizierungslehrgänge durchführen, in denen in bestimmten Fächern nach besonders vorbereiteten Materialien unterrichtet und Erfahrungen ausgetauscht werden.

Dem Kämpfer ist die Liebe zum guten Buch anzuerziehen. Darüber hinaus ist seine Neigung zum Lesen dazu zu nutzen, um ihn zur systematischen Arbeit mit dem Buch zu erziehen. Es geht darum, ihm elementare Kenntnisse zu vermitteln, die es ihm gestatten, die großen Probleme zu verstehen, die sein Volk zu lösen hat.

Natürlich wird all das nicht auf einmal zu erreichen sein, sondern es wird das Ergebnis beharrlicher Arbeit sein. Die aus einer solchen Ausbildungsstätte kommenden Guerilleros werden sich im Kampf bewähren und sich durch hohe Disziplin auszeichnen. Ein wichtiger Gradmesser dieser Disziplin ist ihre Bewährung im Kampf.

10. Die organisatorische Struktur der Guerillaarmee

Wie wir bereits gesehen haben, gehört zu einer Guerillaarmee unabhängig von ihrem Operationsgebiet, auch eine sogenannte Zivilverwaltung, die, obwohl sie unmittelbar mit den Kampfhandlungen nichts zu tun hat, der Armee große Hilfe erweist. Die gesamte Arbeit dieser zivilen Organe ist mit der Guerillaarmee auf das engste verbunden. Sie unterstützen die Armee allseitig, weil der bewaffnete Kampf der Armee der entscheidende Faktor bei der Erringung des Sieges ist.

Die militärische Organisation baut sich auf dem Prinzip der Unterordnung auf. Bei uns in Kuba gibt es den Oberkommandierenden, den „Comandante en Jefe", der seinerseits die Comandantes der Gebiete und Zonen ernennt. Letztere nehmen die ihnen übertragenen Vollmachten in ihrem Gebiet wahr und ernennen die Befehlshaber der Guerillakolonnen, -abteilungen und -gruppen.

Dem Oberkommandierenden unterstehen also die Comandantes der Gebiete und Zonen, denen die Befehlshaber der Guerillakolonnen unterstellt sind, und denen unterstehen die Befehlshaber der Guerillaabteilungen, denen die Gruppenführer nachgeordnet sind. Es befehligen in der Regel Comandantes die Kolonnen, Hauptleute die Abteilungen und Leutnante die Gruppen.

Es handelt sich hierbei nicht um ein unbedingt einzuhaltendes Schema, sondern nur um eine Darlegung, wie wir in unserer Revolution eine Guerillaarmee aufgebaut haben, mit der es uns gelang, über eine gut organisierte und bewaffnete reguläre Armee den Sieg zu erringen. Bei der Zuerkennung militärischer Dienstgrade darf man nicht vergessen, daß nur verdienstvolle Menschen damit auszuzeichnen sind. Auf keinen Fall dürfen sie Menschen zuerkannt werden, deren ganzes Verhalten nicht den Prinzipien der Moral der gerechten und edlen Sache des Volkes, für die die Guerillas kämpfen, entspricht und die nicht durch die großen Prüfungen dieses opfervollen Kampfes gegangen sind.

Befassen wir uns jetzt mit einer wichtigen Besonderheit der militärischen Organisation: der disziplinarischen Bestrafung. Äußerste Disziplin ist für eine Guerillaarmee unerläßlich. Die Disziplin der Guerilleros muß eine bewußte Disziplin sein und deren innersten Überzeugung entspringen. Nur wer sie besitzt, ist ein wirklicher Revolutionär. Disziplinverletzungen sind ungeachtet der Dienststellung des zu Bestrafenden mit aller Strenge zu bestrafen.

Die auferlegten Strafen müssen auf den Verletzer der Disziplin erzieherisch wirken, ihm, wie man sagt, eine Lehre sein. Das ist deshalb so wichtig, weil die Art der Strafe für einen Guerillero eine ganz entgegengesetzte Wirkung haben kann wie für den Soldaten einer regulären Armee. Zehn Tage Arrest sind für einen Guerillero unter den harten Bedingungen des Guerillakrieges keine Strafe, sondern eine ausgezeichnete Erholung. Im Arrest hat er absolut nichts zu tun, arbeitet nicht, hat keinen Wachdienst und keine allgemeine Ausbildung. Er ißt nur, schläft, liest und erholt sich. Arrest ist also unter solchen Bedingungen keine Strafe, weshalb man sie auch nicht aussprechen sollte.

In besonderen Fällen bestrafte ich Vergehen gegen die Disziplin mit einfachem Arrest mit Entzug der Zukker- und Tabakration und mit schwerem Arrest ohne jede Verpflegung. Diese für den Betroffenen sehr harten Strafmaßnahmen haben sich gut bewährt.

Eine große erzieherische Wirkung kann das Verbot des Waffentragens für einen zu bestrafenden Guerillero haben. Diese Maßnahme ist für Menschen mit hoher Kampfmoral und entwickeltem Ehrgefühl eine strenge Bestrafung.

Wie eine solche Strafe wirken kann, zeigt ein Beispiel; es stammt aus den letzten Tagen des Revolutionskrieges gegen das verhaßte Batista-Regime. Unsere Einheit griff eine noch vom Gegner besetzte Stadt in der Provinz Las Villas an, da trafen wir in einem umkämpften Haus auf einen schlafenden Guerillero. Entrüstet über eine derartige Disziplinlosigkeit, weckten wir ihn nicht gerade sanft. Von uns zur Rede gestellt, erklärte er, daß man ihm als Strafe für ein Vergehen – er hatte aus seiner Waffe in einer Situation, in der Befehl gegeben worden war, nicht zu schießen, fahrlässig einen Schuß abgegeben – seine Waffe abgenommen habe. Daraufhin habe er sich schlafen gelegt. Wir hielten ihm vor, daß das doch wohl nicht die richtige Art sei, auf eine Bestrafung wegen Disziplinverletzung zu reagieren, und daß er sich doch seine Waffe durch vorbildliche disziplinierte Pflichterfüllung wiederholen könne. Nach kurzem Überlegen versprach er uns, so zu handeln.

Einige Tage nach dem Sturm auf Santa Clara besuchten wir ein Lazarett. In einem der Zimmer winkte uns ein Schwerverwundeter zu sich heran. Wir erkannten in ihm jenen Guerillero. Er erinnerte uns an sein Versprechen, und stolz meldete er uns, daß er sich das Recht erkämpft habe, seine Waffe wieder tragen zu dürfen. Kurze Zeit darauf starb er.

Dieser Vorfall zeigt einmal, daß Strafen einen hohen erzieherischen Wert haben können, aber nur dann, wenn der Bestrafte davon überzeugt worden ist, daß er nicht für immer verdammt ist, sondern sein Vergehen durch vorbildliche Pflichterfüllung wiedergutmachen kann. Er zeugt aber auch von der hohen revolutionären Kampfmoral, die unsere Guerillaarmee im Verlauf des ununterbrochenen bewaffneten Kampfes erreichte.

Diese hohe revolutionäre Kampfmoral kann es in den ersten Tagen des Kampfes, wenn die Männer moralisch noch nicht gereift sind und nur sehr unklare Vorstellungen von den Aufgaben und Zielen der Guerillabewegung haben, noch nicht geben. Ein derartig hohes Niveau wird erst in den späteren Phasen des Guerillakrieges erreicht.

Anhang

1. Die illegale Organisierung und Vorbereitung der ersten Guerillaeinheit

Der Guerillakrieg unterliegt einer ganzen Reihe Gesetzmäßigkeiten, die auch den Verlauf und den Ausgang eines Krieges regulärer Armeen bestimmen. Außerdem hat der Guerillakrieg noch besondere Gesetzmäßigkeiten. Es ist einsichtig, daß seine Vorbereitung mit einer konspirativen Aktion einer kleinen Gruppe beginnen muß und nicht aus offenen Volksbewegungen entsteht, sofern er von einem benachbarten Land aus oder in den abgelegenen, für die Truppen des zu stürzenden Regimes schwer zugänglichen Gebieten des eigenen Landes begonnen wird.

Entsteht die Guerillabewegung im Ergebnis spontaner Handlungen einer Gruppe von Menschen, die sich gegen irgendeine Form der Unterdrückung zur Wehr gesetzt haben, muß man dieser Gruppe Rebellen nur eine straffe Organisation und eine zielstrebige Führung geben, damit sie ihrer Vernichtung entgeht. Das weitere entwickelt sich dann gesetzmäßig. So spontan beginnen Guerillakämpfe aber nur selten. In der Regel wird der Guerillakrieg sorgfältig illegal vorbereitet und organisiert von Menschen, die entschlossen sind, für die Befreiung des Volkes ihr Leben zu opfern, geführt von einem Mann mit unbestrittener Autorität.

Die illegale Vorbereitung und Organisation des Guerillakampfes wird oft unter schwierigsten Bedingungen und nicht selten außerhalb der Grenzen des eigenen Landes durchgeführt werden müssen.

Fast alle in letzter Zeit gegen die Diktatoren verschiedener Länder gerichteten Volksbewegungen hatten den gleichen empfindlichen Mangel aufzuweisen: Sie waren ungenügend vorbereitet. Besonders mangelte es ihnen an der unbedingt erforderlichen absoluten Konspiration, die strengste Geheimhaltung und größtmögliche Vorsicht verlangt. Nicht selten konnten die Machthaber der betreffenden Länder durch ihre Geheimdienste oder infolge von Unvorsichtigkeit der Menschen, die den Kampf illegal vorbereiteten, vorzeitig von deren Absichten erfahren.

Voraussetzung für das Gelingen eines solchen großen Vorhabens wie die Entfachung des Guerillakampfes mit dem Ziel, ein verhaßtes volksfeindliches Regime zu stürzen, ist also, es so vorzubereiten und zu organisieren, daß die Möglichkeit vorzeitiger Entdeckung ausgeschlossen ist.

Nicht weniger wichtig ist die richtige Auswahl der Mitkämpfer. Das ist keine leichte Aufgabe. In der Hauptsache werden es Menschen sein, die in der Emigration leben, weil sie wegen ihres Kampfes gegen das Unterdrückerregime verfolgt wurden und fliehen mußten, junge Männer, die der Einberufung zum Militärdienst nicht Folge leisteten, es aber als ihre Pflicht ansehen, für die Befreiung der Heimat zu kämpfen. Kann man jedoch immer sofort sagen, daß man sich auf alle verlassen kann? Weiß man bei jedem einzelnen sofort, mit wem man es zu tun hat?

Ungeachtet dieser Schwierigkeiten ist es dennoch unverzeihlich, wenn es dem Regime gelingt, seine Agenten oder feindliche Elemente in die Guerillabewegung einzuschleusen, die in der Folgezeit durch ihre Informationen dafür sorgen, daß der Gegner im entscheidenen Moment zuschlagen kann. Während der den aktiven Kampfhandlungen vorausgehenden Vorbereitungszeit sollten deshalb alle, die der Bewegung beitreten, an streng konspirativen Orten konzentriert und unter ständiger Kontrolle gehalten werden. Sie dürfen in dieser

Zeit keinerlei Kontakte mit der Außenwelt haben. In der Zeit, wenn die Bewegung aus der Illegalität heraustritt und beginnt, die ersten militärischen Aktionen durchzuführen, oder auch wenn sie noch in der Illegalität Maßnahmen ergreift, um die Pläne der auf sie aufmerksam gewordenen Organe des Regimes zu ihrer Liquidierung zu durchkreuzen, sollte man Menschen, die man noch zu wenig kennt, nicht übermäßig vertrauen und sie auch an keine wichtigen Objekte heranlassen.

Jedes Mitglied der illegalen Organisation darf nur das Allernotwendigste wissen und darüber mit niemandem sprechen.

In einer bestimmten Entwicklungsphase der illegalen Guerillabewegung ist sogar eine Kontrolle ihres Briefwechsels erforderlich, um über alle Verbindungen der Illegalen mit der Außenwelt informiert zu sein. Sie dürfen auch nicht allein wohnen oder ausgehen. Der zukünftige Kämpfer der Guerillaarmee darf keinerlei persönliche Kontakte pflegen.

Es empfiehlt sich an dieser Stelle, noch einmal auf die Rolle der Frauen in der Guerillabewegung hinzuweisen. Sie kann, davon sprachen wir schon, sehr positiv sein. Sie kann aber auch negativ sein. Besonders deshalb, weil der Gegner, auf die bekannte Schwäche insbesondere der jungen Männer für Frauen spekulierend, versuchen wird, weibliche Agenten in die illegale Guerillabewegung einzuschleusen. Deshalb muß man jegliche Beziehungen zu Frauen verbieten und mit allen Mitteln zu verhindern suchen.

In der Zeit der illegalen Vorbereitung des Kampfes müssen die Revolutionäre Asketen sein. Das wird ihnen helfen, hochdisziplinierte Kämpfer zu werden. Ohne diese bewußte Disziplin auch auf diesem Gebiet können sie keine wirkliche Autorität erringen. Sollte ein Mitglied der illegalen Gruppe das Verbot, mit Frauen Beziehungen zu unterhalten, ignorieren, ist er unverzüglich zu isolieren, da er nicht nur die Disziplin der Revolutionäre verletzt hat, sondern die ganze Bewegung großer Gefahr aussetzt.

Das Asylrecht, das den Emigranten von der Regierung eines anderen Landes gewährt wird, enthebt die Illegalen nicht der strengsten Konspiration. Dabei ist es völlig uninteressant, ob sich die jeweilige Regierung gegenüber dem Kampf dieser Patrioten neutral verhält oder ihm Sympathien entgegenbringt. Man muß seine Vorbereitungen so treffen, als befände man sich auf feindlichem Territorium. Von dieser Regel abweichende Ausnahmen bestätigen lediglich unsere Ansichten.

Wir möchten hier nicht von der zahlenmäßigen Stärke einer Gruerillagruppe sprechen, die nach Abschluß der illegalen Vorbereitung zu aktiven militärischen Handlungen übergeht, weil das von sehr vielen und verschiedenartigen Bedingungen abhängt, die sich nur schwer vorausbestimmen lassen. Wir wollen hier lediglich über die Mindeststärke einer Guerillaeinheit sprechen, mit der man den Guerillakrieg beginnen kann. Nach meiner Meinung muß eine solche Einheit aus etwa 30 bis 50 sorgfältig ausgewählten Kämpfern bestehen. Guerillaeinheiten in dieser Stärke können in jedem beliebigen lateinamerikanischen Land den bewaffneten Kampf beginnen, um so mehr, als die für den Guerillakrieg günstigen Bedingungen - ausgezeichnetes Gelände zur Entwicklung von Kampfhandlungen, das Streben der Bauern nach Land und der wachsende Widerstand der Volksmassen gegen Unterdrückung und Ausbeutung - vorhanden sind.

Die Waffentypen der Guerilla sollten jeweils denen des Gegners in dem gegebenen Lande entsprechen. Die Regierungen des den Revolutionären Asylrecht gewährenden Landes werden aus diplomatischen Rücksichten zu verhindern suchen, daß von ihrem Territorium aus Guerillakampfhandlungen gegen eines ihrer Nachbarländer ihren Anfang nehmen. Diese Tatsache darf man nicht außer acht lassen. Deshalb müssen die Vorbereitungen dazu streng konspirativ betrieben werden, deshalb sollte eine solche Einheit im Durchschnitt nicht stärker als 50 bis 100 Mann sein. Das soll jedoch nicht heißen, daß der Kampf nicht auch von 500 Mann begonnen werden kann, wobei man diese 500 Mann aber nicht an ein und derselben Stelle konzentrieren darf. Die Gruppe wäre dann zu groß und würde allzu schnell die allgemeine Aufmerksamkeit auf sich lenken. Andererseits würde bei Verrat durch eingedrungene feindliche Agenten oder Aufklärer der ganzen Gruppe die Vernichtung drohen. Weisen wir zudem noch darauf hin, daß es durchaus nicht einfach ist, eine solche in Gruppen aufgeteilte Guerillabewegung in der Illegalität aufzubauen und fest in der Hand zu behalten.

Es ist wünschenswert, daß allen Mitgliedern der Organisation die wichtigsten Treffpunkte bekannt sind. Das werden in der Regel Stellen sein, wo die aus ihren Heimatländern emigrierten Menschen die verschiedenartigsten Veranstaltungen durchführen. Die Führer der Guerillabewegung sollten jedoch aus konspirativen Gründen nicht oft an solchen Treffs teilnehmen. Sind die Treffs beendet, ist darauf zu achten, daß nichts Kompromittierendes zurückgelassen wird. Die Führer der Guerillabewegung müssen sich für ihre Zusammenkünfte so viele Stellen wie möglich aussuchen, damit sie nicht durch ihr häufiges Beisammensein Verdacht erwecken. Wo die Waffen gelagert werden, ist streng geheim zu halten und sollte nur ein bis zwei Personen bekannt sein. Nach Möglichkeit werden die Waffen nicht an einer, sondern an mehreren Stellen gelagert.

Die Waffen werden erst unmittelbar vor Beginn der Kampfhandlungen an die Kämpfer ausgegeben, ist doch immer damit zu rechnen, daß die sich auf den bewaffneten Kampf vorbereitende illegale Gruppe entdeckt wird und Maßnahmen gegen sie getroffen werden. Das würde aber nicht nur zur Verhaftung der Mitglieder der Gruppe, sondern auch zur Beschlagnahme der Waffen führen, und Waffen sind nur sehr schwer zu beschaffen; sie kosten viel Geld, das nicht immer zur Verfügung steht.

Ein anderer Faktor, der nicht weniger Beachtung verdient, ist die Vorbereitung der Männer auf die ihnen bevorstehenden harten Kämpfe. Man braucht hierzu Menschen, die zu strenger Disziplin erzogen wurden, eine hohe Moral besitzen und eine klare Vorstellung von den Aufgaben haben, die es zu verwirklichen gilt. Es müssen bescheidene Menschen sein, die entschlossen sind, schwersten Belastungen standzuhalten, und die wissen, daß ihnen der Sieg nicht leicht gemacht werden wird. Ein harter und langer Kampf wird ihnen bevorstehen, der Mißerfolge nicht ausschließt und in dem ihre Einheit bis an den Rand der Vernichtung geraten kann. Nur höchste Kampfmoral, eiserne Disziplin, die nicht zu erschütternde Überzeugung aller Kämpfer von der Gerechtigkeit der Sache, für die sie ihr Leben einsetzen, und die hervorragenden persönlichen Eigenschaften ihrer Führer befähigen die Guerillabewegung besonders in der Anfangsperiode eines Guerillakrieges, alle Schwierigkeiten und Hindernisse erfolgreich zu überwinden. Von dieser Tatsache sprechen auch unsere kubanischen Erfahrungen. Wenn es hier 12 Männern gelungen ist, den Kern einer ganzen Revolutionsarmee zu bilden, so nur deshalb, weil sie diesen Bedingungen entsprachen und von einem Menschen wie Fidel Castro geführt wurden.

Es genügt aber nicht, daß die künftigen Guerilleros politisch-moralisch besonders gefestigt sind, sie müssen auch physisch gestählt werden. Werden doch die Guerilleros ihre Aktionen gegen den Gegner von Gebirgen oder anderen schwer zugänglichen Gebieten aus unternehmen. Sie werden in der Hauptsache unter freiem Himmel leben, oftmals zermürbende Märsche durchführen müssen und andere Belastungen mehr zu ertragen haben. Darauf müssen die Guerilleros durch Übungen zielstrebig vorbereitet werden. Die beste Vorbereitung dazu sind Märsche bei Tag und auch nachts, bei denen immer höhere Anforderungen gestellt werden, indem immer größere Strecken in steigendem Tempo, bei jedem Wetter, zu bewältigen sind.

Außerdem müssen sich die Angehörigen der Einheit auch ausreichende theoretische Kenntnisse aneignen und sich im Gelände sicher orientieren können. Sie müssen Karten lesen können und die verschiedensten Sabotagemethoden beherrschen. Selbstverständlich müssen sie im Schießen ausgebildet werden. Mit Zielübungen wird begonnen. Geht man dann zum Scharfschießen über, muß ihnen von vornherein klargemacht werden, daß sie, sei es bei der Ausbildung oder im Kampf, mit der Munition so sorgfältig und sparsam wie möglich umgehen müssen.

Werden alle vorgenannten Hinweise beachtet, wird es den Guerilleros gelingen, ihre Aufgabe zu erfüllen.

2. Die Verteidigung der erkämpften Macht

Der Sieg ist so lange nicht errungen, solange nicht auch das wichtigste Instrument des Machtapparates des verhaßten Regimes, seine Armee, vernichtet ist. Mehr noch: Die Guerilla muß alle Organe und Institutionen vernichten, auf die sich das alte Regime stützte. Das ist das A und O des Guerillakrieges. Der Sieg der Revolution kann nur dann als sicher gelten, wenn auf diesem Gebiet im weitesten Sinn des Wortes ganze Arbeit geleistet wurde. Aber das alles allein genügt nicht; im Zusammenhang damit muß auch die bewaffnete Verteidigung der von den Revolutionären geschaffenen Volksmacht gegen eine Aggression organisiert werden.

Solche Aggressionen kündigen sich dadurch an, daß die „seriöse Presse“ und die „wahrheitsliebenden“ Nachrichtenagenturen der USA und anderer imperialistischer Staaten versuchen, die Weltöffentlichkeit durch eine sich steigernde Hetz- und Lügenkampagne gegen das befreite Land aufzubringen. Diese Ausfälle werden in gleichem Maße immer schärfer und nachhaltiger, je entschlossener von der neuen Regierung Maßnahmen im Interesse des Volkes durchgeführt werden. Um einer solchen Aggression begegnen zu können, braucht die Volksmacht eine schlagkräftige Armee. Bei ihrem Aufbau darf man weder auf die organisatorische Struktur noch auf die Angehörigen der alten Armee zurückgreifen. Man kann aber nicht mit dem mechanischen Gehorsam, den veralteten Auffassungen über militärische Pflicht, Disziplin und Moral mit einem Schlag Schluß machen.

Selbstverständlich kann es einzelne Fälle geben, in denen Militärs aus der alten Armee, die mit der Vergangenheit gebrochen haben, in die neue Armee aufgenommen werden, wenn ihre Sympathien gegenüber der Sache des Volkes außer Zweifel stehen. Sie können beim Aufbau einer neuen Armee, einer Volksarmee, sehr nützlich sein. Man darf aber nicht zulassen, daß sich in die neue Armee Kräfte einschleichen, die sich mit ihren militärischen, mathematischen, logistischen usw. Kenntnissen gegenüber den mutigen, anständigen und gutherzigen „ungebildeten“ Partisanen großtun, die aber häufig über eine geringe Bildung verfügen.

Mit dem organisatorischen Aufbau der neuen Armee muß unmittelbar nach der Vernichtung der alten Armee, des Machtinstruments des gestürzten Regimes, begonnen werden. Alle Positionen sind mit Angehörigen der Guerillaarmee zu besetzen.

Selbstverständlich darf man die neue Armee nicht einfach nach dem Organisationssystem der Guerillaarmee aufbauen. Man muß es verändern, denn es erwuchs ganz aus den Bedingungen des Guerillakrieges. Hierbei ist jedoch zu unterstreichen, daß man bei der Schaffung einer neuen Armee die Prinzipien der Führer des Guerillakrieges nicht außer acht lassen darf. Es ist auch angebracht, dieser Armee den nationalen Traditionen entsprechende organisatorische Formen zu geben. Sie sind ebenso nützlich wie eine gute und zweckmäßige Ausrüstung. Dabei darf man aber nicht den Fehler begehen wie wir, als wir versuchten, in den ersten Monaten nach dem Sieg der Revolution unsere neue Armee in die Zwangsjacke der Ordnung und Disziplin der alten Armee zu stecken. Das kann ernsthafte Schwierigkeiten und sogar völlige Desorganisation der Armee nach sich ziehen.

Schon in den ersten Tagen nach dem Sieg der Revolution muß man sich auf einen neuen Krieg, auf die Abwehr einer Aggression vorbereiten. Diese Vorbereitungen müssen mit allem Nachdruck durchgeführt werden. Dabei muß man beachten, daß sich unter dem Eindruck des Siegeszuges der Guerillaarmee Tausende von Menschen erst im letzten Moment der Revolution angeschlossen haben und der Armee beigetreten sind. Weiß man genau, in welchem Maße diese Menschen der Sache der Revolution ergeben sind? Um sich auf diese neuen Soldaten verlassen zu können, muß man sie intensiv politisch-ideologisch schulen und unter Bedingungen militärisch ausbilden, die denen des Guerillakrieges an Härte in nichts nachstehen. Durch eine solche Ausbildung wird die Armee des Volkes befähigt, die Sicherheit des Landes zu gewährleisten.

Eine andere schwierige Aufgabe besteht darin, für die neue Armee die richtige organisatorische Form zu finden, die ihren Besonderheiten entspricht.

Vor allen Dingen wird die Schaffung eines Organs notwendig sein, dessen Aufgabe darin besteht, in den Einheiten der neuen Armee die politisch-ideologische Erziehung zu organisieren. Dazu müssen den Soldaten, die in der Hauptsache Bauern und Arbeiter sind, die Gerechtigkeit und die Rechtmäßigkeit der revolutionären Maßnahmen sowie die Ziele der Revolution in ihrer Gesamtheit erläutert werden.

Zusammen mit der politisch-ideologischen Schulung empfiehlt es sich auch, Kurse zur Beseitigung des Analphabetentums und zur Erhöhung des allgemeinen Bildungsniveaus der Revolutionsarmee einzurichten. Das wird wesentlich dazu beitragen, daß die neue Armee zu einer technisch gut ausgerüsteten und politisch-ideologisch fest zusammengeschweißten Truppe wird, die über eine hohe Kampfkraft verfügt.

Zur weiteren Vervollkommnung der Armee kann man noch besondere Lehrgänge einrichten, in denen sich bewährte Guerilleros für höhere verantwortliche Funktionen in der neuen Armee qualifizieren können. Gleichzeitig damit kann man auch allgemeinbildende Jahreslehrgänge auf freiwilliger oder auch dienstlicher Grundlage durchführen. Das hängt aber schon von den Besonderheiten des einzelnen Landes ab; fertige Rezepte dafür gibt es nicht.

In unseren weiteren Ausführungen werden wir die Politik erläutern, die wir im Zusammenhang mit der Gefahr einer ausländischen Invasion auf Kuba zu verfolgen haben. Dabei gehen wir von der Ende 1959, Anfang 1960 gegebenen Weltlage aus und dem uns bekannten möglichen Gegner. Wir sprechen dabei nicht von dem von uns Erreichten, um uns damit vor der Öffentlichkeit zu brüsten, sondern um darzulegen, welche Bedeutung es für unsere nationale Verteidigung hat.

Da es sich bei all dem hier von uns Dargelegten um eine Verallgemeinerung der kubanischen Erfahrungen und ihre Anwendbarkeit auf die lateinamerikanische Wirklichkeit handelt, gestatten wir uns nachfolgenden Epilog.

3. Analyse der Lage auf Kuba, seine Gegenwart und Zukunft

Im Ergebnis des langen bewaffneten revolutionären Kampfes des kubanischen Volkes wurde das verhaßte Batista-Regime gestürzt. Der Diktator floh außer Landes. Die Erfolge der Volksregierung Kubas auf sozialem, wirtschaftlichem und politischem Gebiet sind gewaltig. Trotzdem wollen wir sie analysieren, um jede Maßnahme gebührend einzuschätzen, um das ganze Ausmaß der Revolution auf Kuba aufzuzeigen.

Unsere nationale Revolution, die auf der Grundlage der Agrarrevolution durchgeführt wurde und an der die Arbeiter und Vertreter des Kleinbürgertums (in letzter Zeit auch Industrielle) aktiven Anteil hatten, gewinnt nicht nur für Lateinamerika, sondern für die ganze Welt eine große Bedeutung. Sie wird getragen von dem unerschütterlichen Willen und der Begeisterung des kubanischen Volkes, die noch vor ihm stehenden Aufgaben zu meistern.

Es ist nicht unsere Absicht, alle bisher angenommenen Gesetze wenn auch nur kurz zu erläutern, obwohl sie unzweifelhaft alle den Interessen des Volkes entsprechen und sehr wichtig sind. Wir wollen nur einige von ihnen sowie den Verlauf der letzten Ereignisse beleuchten. So wird es uns möglich sein, den Leser mit der ständig wachsenden Fürsorge des Staates für das Volk und seinen Anstrengungen, die Bedürfnisse des kubanischen Volkes zu befriedigen, bekannt zu machen.

Entgegen den Spekulationen der parasitären Klassen

des Landes verwirklichte die revolutionäre Regierung gleich zu Anfang eine Reihe konkreter Maßnahmen. Kurz hintereinander wurden Gesetze verabschiedet über die Herabsetzung der Wohnungsmieten und Senkung der Kosten für Elektroenergie, über die Kontrolle der Telefongesellschaften und die Senkung ihrer Tarife.

Diejenigen, die Fidel Castro und seine Mitkämpfer bis dahin für politische Intriganten alten Stils oder Marionetten fremder Mächte gehalten hatten, die sich nur durch ihren Bart von den bisherigen Politikastern unterschieden und mit denen es nicht weit her sei, begannen zu begreifen, daß sich doch irgend etwas Ernsteres ereignet hatte, etwas, was aus der Tiefe des kubanischen Volkes entsprang, und daß es mit ihren bisherigen Privilegien zu Ende ging. Da begannen sie, die Führer der siegreichen Guerillabewegung als „Kommunisten" abzustempeln und unter der Flagge des Antikommunismus alle Feinde des Volkes um sich zu sammeln.

Das Gesetz über die bisher nicht bearbeiteten Ackerflächen und das Gesetz über den Verkauf von Grund und Boden auf Ratenzahlung versetzten besonders die Vertreter des Wucherkapitals in Aufregung. Obwohl durch diese Schläge empfindlich getroffen, nahm die Reaktion an, daß alles wieder einzurenken sei, wenn „dieser verrückte Kerl", Fidel Castro, schließlich auf den guten Rat der Reporter J. Dubois („Chicago Tribune") und R. Porters („New York Times") hören und auf den rechten „demokratischen" Weg gelangen werde. Man müsse sich vorläufig mit diesen Neuerungen abfinden; schließlich werde sich alles wieder zum Guten wenden, und bessere Zeiten kämen wieder.

Statt der „besseren Zeiten" kam das Gesetz über die Bodenreform, ein für die Reaktion schwerer Schlag. Die Mehrzahl der „Geschädigten" hatten jetzt verstanden, um was es ging, daß sich nichts mehr einrenken ließ. So auch der Herold der Reaktion, Gaston Baquero; er machte sich frühzeitig genug aus dem Staube und fand bei dem Diktator Spaniens Unterschlupf. Andere aber hofften immer noch, daß dieses Gesetz wie ähnliche Gesetze in anderen Staaten zwar zur Beruhigung und Täuschung der Volksmassen erlassen, aber nie verwirklicht werden würde.

Autoren sozialer Doktrinen verzapften ehrfurchtgebietende Theorien zum Beispiel über die „Volksfinanzen" in der Hoffnung, daß die „ungebildeten Guerilleros" auf sie hereinfallen und durch sie von der Verwirklichung der wichtigsten Aufgaben der revolutionären Umgestaltung Kubas abgehalten würden. Sie alle betrachteten anfangs das Nationale Institut für die Bodenreform (INRA) mit väterlichem Wohlwollen und Nachsicht und als ein etwas mutwilliges und schwererziehbares Kind, das man aber schon noch auf die richtige Bahn bringen werde. Aber die Bodenreform schritt unaufhaltsam vorwärts. Die Latifundien verschwanden, und die neuen Prinzipien der Bodennutzung setzten sich durch.

Die Bodenreform auf Kuba hat mit den ihr eigenen Charakterzügen für unseren Kontinent eine hervorragende Bedeutung. Sie trägt antifeudalen Charakter, weil sie durch die Beseitigung der Latifundien auf Kuba auch alle Verträge zerriß, wonach die Bauern Landrente in Bargeld zu zahlen hatten, und sie beseitigte die Leibeigenschaft, die sich bei der Erzeugung unserer hauptsächlichsten landwirtschaftlichen Produkte, wie Kaffee und Tabak, bis dahin erhalten hatte.

Hinzu kommt, daß sich unsere Bodenreform gegen die kapitalistische Ausbeutung der Bauern richtete. Sie befreite die Bauern von der Unterdrückung und Ausbeutung durch die Monopole und gab ihnen die Möglichkeit, ihr Land in der Gewißheit bearbeiten zu können, daß ihnen der Ertrag ihrer Arbeit zugute kommt und nicht mehr wie bisher von den Monopolen und Grundbesitzern eingeheimst wird.

Die Besonderheit unserer Bodenreform besteht darin, daß den Bauern und Landarbeitern, die durch sie Grund und Boden erhalten hatten, vom ersten Tag an technisch durch Spezialisten und Maschinen und finanziell durch Kredite der INRA oder der Staatsbanken geholfen wurde. Auch die Nationale Vereinigung Volkseigener Geschäfte leistete den Bauern eine gewaltige Hilfe und Unterstützung. Nach den guten Erfahrungen mit ihr in der Provinz Oriente durchdrang sie auch bald die anderen Provinzen. Diese staatlichen Geschäfte zahlen den Bauern angemessene Preise für ihre Erzeugnisse und liefern ihnen die notwendigen Waren. Sie engen die Wucherer und Spekulanten durch ihre Tätigkeit immer mehr ein.

Nach unserer Ansicht besteht der wesentliche Unterschied zwischen der auf Kuba durchgeführten Bodenreform und den Reformen in Mexiko, Guatemala und Bolivien darin, daß unsere Reform, ohne Winkelzüge oder Konzessionen entschlossen bis zu Ende verwirklicht worden ist.

Unsere Bodenreform basiert auf dem Recht des Volkes und richtet sich im gleichen Maße gegen die „United Fruit Company“ und „King Ranch“ wie auch gegen unsere eigenen Latifundienbesitzer, aber nicht gegen irgendein anderes Land.

Unter den durch die Bodenreform geschaffenen neuen Bedingungen wird die Erzeugung der für unser Land so wichtigen Produkte wie Reis, Ölfrüchte und Baumwolle intensiv vorangetrieben, wodurch die Grundlage für unsere Planwirtschaft gelegt wird. Wir konnten aber dabei nicht stehenbleiben und sind fest entschlossen, all das dem kubanischen Volk wiederzugeben, was man ihm genommen hat. Die Reichtümer im Schoße der Erde unseres Landes, die ein ständiges Zank- und Streitobjekt gieriger Monopolisten waren, wurden mit der Annahme des Gesetzes über die Nationalisierung der Erdölindustrie dem kubanischen Volk zurückgegeben. Dieses Gesetz entspricht den ureigensten Interessen Kubas, den lebensnotwendigen Bedürfnissen seines Volkes, das nichts anderes als frei und Herr im eigenen Lande sein will, um es zu einem blühenden Land zu machen, in dem das befreite Volk in seiner Entwicklung noch höheren Zielen zustreben kann.

Mit diesem Gesetz über die Nationalisierung der Erdölindustrie in Kuba wurde den Ländern Lateinamerikas ein Beispiel gegeben, wie sie sich von der Beherrschung durch die ausländischen Monopole befreien können. Das ist auch der Grund, weshalb es die Ölmonopole in unbeschreibliche Panik versetzte. Das kubanische Beispiel, das Schule machen könnte, erregte sie, nicht der Verlust unseres Erdöls, denn Kuba ist kein reiches Erzeugungsgebiet dieses wertvollen Rohstoffes, obgleich wir die Hoffnung hegen, daß es uns gelingt, unseren Erdölbedarf aus eigenen Vorkommen zu dekken. Unser Gesetz zeigt den Brudervölkern der Länder Lateinamerikas, die heute noch den Monopolen als Profitquelle dienen, daß die reale Möglichkeit besteht, zu jeder Zeit durch ähnliche Gesetze mit der Ausbeutung ihrer Länder durch die Monopole ein für allemal Schluß zu machen.

Die Monopolisten blicken deshalb nicht ohne Grund voller Besorgnis auf Kuba. Hat sich doch die kleine Insel im Karibischen Meer erdreistet, einen Anschlag auf die Pläne des Minister Foster Dulles, auf die „United Fruit Co.“, sowie auf die Erdölmonopole auszuüben, und das mitten im Herrschaftsbereich des Herrn Rokkefeller.

Das Gesetz über die Nationalisierung der Erdölindustrie und das Gesetz über die Nationalisierung der Gruben und Bergwerke sind die Antwort des kubanischen

Volkes an alle diejenigen, die durch Demonstrationen der Stärke, durch Drohungen, durch Luftüberfälle und andere Aggressionen den Willen des Volkes zu brechen suchen.

Einige vertreten die Meinung, daß das Gesetz über die Nationalisierung der Gruben und Bergwerke von gleich weittragender Bedeutung wie das Gesetz über die Bodenreform sei. Die Maßnahme, eine Ausfuhrsteuer in Höhe von 25 Prozent auf alle Erzausfuhren, traf empfindlich die Monopolisten und wird dazu beitragen, den Wohlstand des kubanischen Volkes zu erhöhen, trägt aber ebenso dazu bei, die kanadischen Monopole gegenüber den jetzt unser Nickel exportierenden Monopolen zu stärken.

Die kubanische Revolution liquidierte aber nicht nur die Latifundien, beschnitt nicht nur die Profite der internationalen Monopole und trat diesen entgegen, um mindestens einen von ihnen in Schwierigkeiten zu bringen, und gab damit das Beispiel einer neuen Politik für alle lateinamerikanischen Länder, auf das überall das Echo zu hören ist, sie fegte auch alle von den imperialistischen Nachrichtenagenturen errichteten Barrieren hinweg, damit die Wahrheit zu den Völkern dringt und sie zur revolutionären Tat begeistert. Das Kuba Fidel Castros wurde zum Symbol der Befreiung und der nationalen Unabhängigkeit, und Fidel Castro ist ein Symbol für die Befreiung.

Die kleine Insel von 114 000 Quadratkilometer Bodenfläche, mit einer Bevölkerung von nur 6,5 Millionen Einwohnern trat an die Spitze des antikolonialen Kampfes in Lateinamerika. Damit wurde Kuba von der Geschichte die heldenhafte, ruhmreiche und zugleich gefährliche Position eines Vorpostens zugewiesen. Die wirtschaftlich relativ stärker entwickelten Länder des kolonialen Lateinamerikas, in denen sich der nationale Kapitalismus nur langsam im ständigen harten Kampf gegen die ausländischen Monopole entwickelte, haben die führende Rolle im antikolonialen Kampf dem kleinen, freiheitliebenden Kuba überlassen, weil ihre eigenen Regierungen nicht die erforderliche Entschlossenheit aufbrachten, in diesem Kampf die Führung zu übernehmen.

Unser Kampf ist nicht leicht. Er ist voller Gefahren und Schwierigkeiten, und wir können ihn nur deshalb erfolgreich führen, weil wir unser ganzes Volk hinter uns haben, das mit seinem Idealismus, seiner Opferbereitschaft und seinem entschlossenen Willen, die Revolution zu verteidigen, alle Machenschaften unserer Feinde zunichte machen wird. Vor uns hatten die Völker anderer lateinamerikanischer Länder den Vorposten im antikolonialen Befreiungskampf bezogen: Guatemala, das Land der Quezals, der Vögel der Freiheit, die in der Unfreiheit nicht leben können und die sterben, wenn man sie in einen Käfig sperrt, die Heimat des großen Indianers Tecum Uman, mußte diesen Versuch mit dem Blute vieler seiner besten Patrioten bezahlen. Es fiel einer Aggression des US-Imperialismus zum Opfer. Bolivien brachte in Morillo einen der ersten Helden des Kampfes für die Unabhängigkeit Lateinamerikas hervor. Es hielt den großen Prüfungen dieses Kampfes nicht stand und wurde niedergeworfen, aber es vermittelte den um ihre Freiheit kämpfenden Völkern drei Lehren: Es müssen die alte Armee liquidiert, die Bodenreform durchgeführt und die Bodenschätze sowie Bergwerke und andere Einrichtungen zu ihrer Ausbeutung nationalisiert werden – die Quellen des Reichtums und des Elends.

Wir wußten um das tragische Schicksal dieser Befreiungsversuche lateinamerikanischer Völker. Dennoch haben wir uns erhoben – und gesiegt. Wir wagten unsere Revolution in der durch nichts zu erschütternden Überzeugung, daß eine neue Ära angebrochen ist. Unter dem Ansturm der Völker, die für ihre nationale Unabhängigkeit kämpfen, bricht das Kolonialsystem in Asien wie in Afrika zusammen. Sein voller Zusammenbruch ist unabwendbar. Über alle Schranken der Religion, der Sitten und Gebräuche sowie der ethnischen Besonderheiten hinweg vereinen sich die Völker zum gemeinsamen Kampf um ihre nationale Unabhängigkeit, um eine ungehinderte Entwicklung ihrer Wirtschaft und ihrer Kultur. In Bandung haben sich die Völker Asiens und Afrikas zum gemeinsamen Kampf verbunden, und hier in Havanna reichten sie die Hand dem kolonialen und indianischen Lateinamerika.

Die großen Kolonialmächte wurden durch den Kampf der Völker gezwungen, den Rückzug anzutreten. Belgien und Holland herrschen heute nur noch über kümmerliche Reste ihrer einstigen Imperien; Deutschland und Italien mußten im Ergebnis des zweiten Weltkrieges auf die Unterdrückung und Ausbeutung fremder Völker verzichten. Frankreich wird seinen schmutzigen Kolonialkrieg gegen Algerien einstellen müssen. Das britische Kolonialreich zerbröckelt langsam, aber sicher. Daran ändern in der Perspektive auch nichts die von den Engländern nicht ungeschickt angelegten Versuche, in den Ländern, die sich von ihrer politischen Unterdrückung frei machten, wenigstens noch ihre ökonomischen Positionen zu halten.

Die USA versuchen, aus dieser Situation Kapital zu schlagen. Sie setzen alles daran, die alten Kolonialmächte in den Ländern, die ihre politische Unabhängigkeit errungen haben, auch aus ihren ökonomischen Positionen zu verdrängen. Doch sie wissen nicht, wie lange sich die Summen, die sie in die verschiedensten Finanzmanipulationen stecken, bezahlt machen, mit denen sie versuchen, die von der Kolonialherrschaft befreiten Länder über die ökonomische Unterwanderung schließlich politisch zu beherrschen. Wie eine Krake können die US-Imperialisten mit diesen neokolonialistischen Methoden die Länder aussaugen. Doch die Krallen des imperialistischen Adlers sind beschnitten. In Lateinamerika wurde mit unserer Revolution erst der Anfang gemacht, das Kolonialjoch abzuschütteln. Der britische Löwe hat zwar seine beuteschlagenden Pranken im Gefolge des zweiten Weltkriegs auf unserem Kontinent aus einem Land nach dem anderen zurückziehen müssen. Aber überall dort, wo die englischen Imperialisten von ihrer Beute ablassen mußten, fand sich dem Schakal gleich der US-Imperialismus ein und zwang den lateinamerikanischen Staaten seine unumschränkte Herrschaft auf. Die Völker Lateinamerikas wurden zu Kolonialsklaven der nordamerikanischen Monopole und zum „Untermieter im eigenen Hinterhof". Nichts fürchten die US-Imperialisten mehr, als daß die anderen lateinamerikanischen Völker dem Beispiel Kubas folgen und ihre Geschicke selbst in die Hände nehmen. Bedeutete das doch das Ende ihrer Herrschaft und den Verzicht auf die riesigen Profite, die ihre Monopole aus den lateinamerikanischen Ländern pressen. Das versuchen sie mit allen Mitteln zu verhindern. Aber das Beispiel Kubas, dieses „schlechte" Beispiel nationaler und internationaler Würde, verbreitet sich trotz alledem über alle Länder Lateinamerikas. Und immer, wenn in einem dieser gequälten Länder das Volk nationale Unabhängigkeit und Freiheit von Unterdrückung und Ausbeutung fordert, wird Kuba von den Imperialisten dafür verantwortlich gemacht.

In gewisser Beziehung haben sie sogar recht. Kuba ist wirklich schuldig, weil es den Völkern Lateinamerikas gezeigt hat, wie sie durch den bewaffneten Volkskampf, beginnend in schwer zugänglichen Gebieten, die angeblich unbesiegbare Armee des Gegners erschöpfen und schließlich vernichten können. Mit einem Wort: Kuba zeigt, was Würde ist.

Fürwahr, Kuba gab ein sehr „schlechtes Beispiel". Und die Monopolisten können nicht mehr ruhig schlafen, solange dieses „schlechte" Beispiel sich hält und sich das kubanische Volk trotz aller Drohungen und Gefahren eine bessere Zukunft aufbaut. „Ein solches Beispiel muß ausgemerzt werden!" schreien deshalb die Herolde der Monopole. „Man muß gegen diese kommunistische Gefahr mobilisieren!" sekundieren ihre demokratisch maskierten Helfershelfer im Kongreß. „Die Situation auf Kuba ruft bei uns die größte Besorgnis hervor", fallen demagogisch die tückischsten Verteidiger der Trusts in diesen Chorus ein. Ihr Ziel ist: „Kuba muß vernichtet werden!"

Welche Möglichkeiten haben sie, das „schlechte" Beispiel Kuba zu beseitigen? Eine dieser Möglichkeiten sehen sie in „wirtschaftlichen Sanktionen". Indem die USA-Banken ihre Kredite an kubanische Kaufleute und Banken, einschließlich der Nationalbank Kubas, einschränkten, begannen sie damit.

Ähnliche Maßnahmen wurden auch, von den USA dirigiert, von allen westeuropäischen Ländern durchgeführt. Das allein genügte aber nicht, Kuba auf die Knie zu zwingen.

Die Verweigerung von Krediten fügte Kubas Wirtschaft zwar einen schweren Schlag zu. Aber sie erholte sich wieder. Und es gelang uns auch, unsere Handelsbilanz wieder auszugleichen. Wir gewöhnten uns daran, nur mit dem Notwendigsten auszukommen und uns der Situation anzupassen. Natürlich ließ der Druck nicht nach. Es begann der Tanz um die Zuckerquote. Aber auch damit war uns nicht beizukommen. Denn letztlich schnitten sich die USA dabei ins eigene Fleisch; war doch Kuba der größte und billigste Zuckerlieferant der Vereinigten Staaten, und 60 Prozent aller in der Zuckerproduktion angelegten Kapitalien stammten aus den USA. Außerdem wurde der Handel der USA mit uns getroffen, denn wenn wir nichts verkaufen können, können wir auch nichts einkaufen. (. . .)

Als die Monopolisten sahen, daß sie so nicht weiterkamen, versuchten sie, durch Bombenabwürfe und durch Inbrandsetzung unserer Zuckerrohrplantagen die Zuckerproduktion in unserem Land zum Erliegen zu bringen. Es folgten weitere Maßnahmen mit dem Ziel, gegen unsere revolutionäre Regierung Mißtrauen zu säen. Sie sprengten ein mit Waffen für die Rebellenarmee beladenes Schiff und schickten Söldlinge, um Kuba von innen her aufzurollen.

Man versuchte auch, einen Druck auf die kubanische Wirtschaft auszuüben, indem man ihre Versorgung mit Rohstoffen sperrte, zum Beispiel mit Baumwolle. Da es aber auf der Welt eine Überproduktion an Baumwolle gibt, waren unsere Schwierigkeiten auf diesem Gebiet nur gering und von kurzer Dauer.

Dann versuchte man es mit den Brennstoffen. Die Wirtschaft eines Landes liegt ohne Brennstoffe lahm. Kuba erzeugt nur sehr wenig Rohöl. Also wird es unterliegen, dachte man. Aber wir hatten auch noch einige andere Brennstoffe, mit denen wir Maschinen und Transportmittel antreiben konnten. Und schließlich gibt es in der Welt sehr viel Erdöl, zum Beispliel in der Sowjetunion, in Ägypten und der Irak wird möglicherweise Erdöl liefern können.

Neben den wirtschaftlichen Sanktionen war man darauf aus, Kuba durch eine militärische Aggression niederzubringen. Man spielt mit dem Gedanken, von der Dominikanischen Republik oder einem anderen „Westentaschenstaat" des US-Imperialismus aus eine Provokation gegen uns zu starten. Aber in einem solchen Fall würde sich die heute durchaus nicht mehr von den USA zu kommandierende Organisation der Vereinigten Nationen einmischen. Also würde auch aus einer solchen Provokation nichts herausspringen.

Der Weg, den die jetzt noch von den USA gegängelte Organisation Amerikanischer Staaten geht, könnte allerdings zu einem für uns und die Freiheitsbestrebungen der anderen lateinamerikanischen Staaten gefährlichen Präzedenzfall führen. Unter dem erlogenen Vorwand, Kuba habe eine Aggression auf die Dominikanische Republik vor, versuchen die US-Monopole, die lateinamerikanischen Staaten über diese Organisation für eine militärische Intervention gegen das revolutionäre Kuba zu gewinnen. Man kann nur bedauern, daß auch die Regierung Venezuelas uns nicht dabei unterstützte, die Verleumdungen Trujillos, Kuba bedrohe die Dominikanische Republik, zu entlarven. Sie hat damit den Ausplünderern des Kontinents einen guten Dienst erwiesen.

Zu den verbrecherischen Plänen der Imperialisten gehört auch die Ermordung des „verrückten Kerls" Fidel Castro. Er hat sich den besonderen Zorn der Monopolisten zugezogen. Außerdem ist auch die Ermordung von zwei weiteren gefährlichen „internationalen Agenten" vorgesehen, worunter sie Raul Castro und den Verfasser dieser Zeilen verstehen. Der Gedanke mag für die Monopolisten mehr als verlockend sein! Aber vergeßt nicht das Volk, ihr Herren Monopolisten! Unterschätzt nicht die gewaltige Kraft des Volkes, das im Falle eines solchen Verbrechens in seinem Zorn alle die vernichten und zerschmettern würde, die direkt oder indirekt an dem Mordanschlag auf die Führer der Revolution beteiligt wären. Die rächende Hand des Volkes würde vor niemandem haltmachen.

In den aggressiven Plänen der Monopole gibt es auch noch die guatemaltekische Variante, wobei sie aber vergessen, daß sich unterdessen in der Welt einiges geändert hat. Es ist auch möglich, daß man versuchen wird, die Versorgung Kubas mit Waffen zu unterbinden. Wir würden dadurch lediglich gezwungen sein, unsere Waffen in den sozialistischen Ländern zu erwerben, was allerdings einen Strom schmutziger und verleumderischer Entstellungen nach sich ziehen würde. „Möglicherweise wird man über uns wie über ‚Kommunisten' herfallen, aber man wird uns nicht wie Dummköpfe abschlachten können", sagte dazu ein Mitglied unserer Regierung.

Wir sind auf alles gefaßt und bereiten uns auf alle Möglichkeiten vor. Wir wissen, daß die Monopole auf ihren IBM-Computern Pläne einer direkten Aggression schmieden, so die „spanische" Variante. Für solche Aktionen benutzen sie mit Vorliebe aus ihren Heimatländern ausgewiesene konterrevolutionäre Elemente als sogenannte Freiwillige, die von den USA ausgebildet und eingesetzt werden, also nichts anderes als Söldlinge der USA sind. Daß die USA versuchen werden, einer solchen Aggression durch Unterstützung ihrer Kriegsflotte und ihrer Luftwaffe, natürlich im Namen des Friedens, zum Erfolg zu verhelfen, versteht sich am Rande.

Andere Pläne sehen vor, durch die direkte Aggression seitens irgendeines anderen Staates, wie zum Beispiel der Dominikanischen Republik, einen Krieg zu provozieren. Hat dann ein solcher Krieg einmal begonnen, werden die USA sicherlich beteuern, daß sie nicht den geringsten Wunsch haben, sich in diesen „unglückseligen" Bruderkrieg einzumischen, und daß sie lediglich interessiert sind, dafür zu sorgen, daß er sich nicht über einen bestimmten Rahmen hinaus ausweitet. Mit ihren Schlachtschiffen, Torpedobooten und Flugzeugen werden sie versuchen, den Luftraum und das Meer in dem gegebenen Raum zu kontrollieren, wobei diese eifrigen „Verfechter des Friedens" auf dem amerikanischen Kontinent alles darauf anlegen werden, kein einziges Schiff passieren zu lassen, dessen Ladung für Kuba bestimmt ist. Bei Schiffen dagegen, die die Küste des für die US-Aggression ausgenutzten „Westentaschenstaates“ ansteuern, wird der „Friedensstifter“ nicht nur ein, sondern beide Augen zudrücken oder diese Schiffe sogar in Geleitschutz nehmen.

Es besteht auch die Möglichkeit, daß man mit Hilfe eines „autoritativen“ interamerikanischen Organs versuchen wird, einer solchen Agggression zum Erfolg zu verhelfen, um, so wird man es begründen, diesem „sinnlosen Krieg“ ein Ende zu bereiten und die sich ausbreitende „kommunistische Gefahr“ zu beseitigen. Sollte jedoch dieses „autoritative“ amerikanische Organ nicht in dem von den USA gewünschten Sinne funktionieren, könnte die Intervention auch durch die „Verfechter des Friedens“ direkt erfolgen unter der Begründung, die Interessen ihrer Staatsbürger wahrnehmen zu wollen – das wäre dann die koreanische Variante.

Eine weitere Möglichkeit besteht auch darin, daß der erste Schritt einer solchen Aggression nicht direkt gegen uns gerichtet ist, sondern beispielsweise gegen die Unabhängigkeitsbestrebungen Venezuelas, um damit das Überspringen der revolutionären Bewegung auf das lateinamerikanische Festland zu verhindern. In einem solchen Fall könnte es durchaus sein, daß sich das Zentrum des Kampfes gegen den Kolonialismus von Kuba auf das Heimatland des großen Simon Bolivar verlagert. Das Volk Venezuelas wird, dessen sind wir uns gewiß, mit aller Energie für die Verteidigung seiner Freiheit kämpfen, weil es weiß, daß eine Niederlage in diesem Kampf zur finstersten Tyrannei führen, ein Sieg aber für Lateinamerika eine helle und lichte Zukunft eröffnen würde.

Wie es auch kommen mag, der Kampf der Völker um ihre Unabhängigkeit wird den Monopolisten in unseren unterjochten Bruderländern keine Ruhe mehr lassen und sie schließlich zum endgültigen Rückzug zwingen.

Alle Faktoren sprechen dafür, daß der Feind unserer

Völker unterliegen muß. Zwei dieser Fakten erachten wir jedoch für besonders wichtig: Das Jahr 1960 war das Jahr der Befreiung einer großen Zahl wirtschaftlich schwachentwickelter kolonialer und abhängiger Länder, das Millionen Menschen von dem „Glück“ befreite, von den Imperialisten beherrscht und von deren profitgierigen Monopolen bis auf das Blut ausgesogen zu werden. In den folgenden Jahren wird der Zusammenbruch des Kolonialismus unabwendbar sein. Zum anderen wissen wir, daß im Augenblick der Gefahr 6 Millionen Kubaner wie ein Mensch die Waffe in die Hand nehmen werden, um ihre Heimat und ihre Revolution zu verteidigen. Unsere Rebellenarmee würde in dieser Schlacht um diese Millionen stärker, ganz Kuba ein einziges Schlachtfeld und seine Rebellenarmee nur ein Teil des bewaffneten Volkes sein.

Sollte Kubas reguläre Armee in einem solchen Krieg unterliegen, würden Hunderte von Partisanenabteilungen entstehen, die durch ein zentrales Kommando zusammengefaßt, im ganzen Land kämpfen würden. In den Städten würden die Arbeiter bis zum letzten um ihre Fabriken und Werke kämpfen, und in den ländlichen Gebieten würde hinter jeder Palme und auf jedem Fleckchen Erde, das die Bauern von der Revolution erhalten haben, der Tod auf die Aggressoren warten.

In allen Ländern der Welt würden Millionen Menschen gegen eine solche Aggression protestieren und schließlich die Imperialisten zum Rückzug zwingen. Die faulenden Stützen des Kolonialismus brächen zusammen, der Volkszorn fegte seine Söldlinge hinweg, und von der käuflichen Presse über einen solchen Krieg niedergelassene Lügenschleier würden zerrissen.

Nehmen wir an, daß sich die Monopolisten aber dennoch erdreisteten, den Zorn der Völker herauszufordern und uns zu überfallen, was wird sich dann in unserem Land ereignen?

Unter Berücksichtigung der Tatsache, daß unsere Insel leicht verwundbar ist, uns nur wenig schwere Waffen zur Verfügung stehen, unsere Luftwaffe und unsere Kriegsmarine noch schwach sind, wird zur Verteidigung unseres Landes die Guerillabewegung eine entscheidende Rolle spielen.

Unsere Landstreitkräfte werden ebenso heldenmütig, hartnäckig und begeistert kämpfen wie die Helden der kubanischen Revolution. Wir werden alles Erforderliche tun, damit sie auch weiterkämpfen können, wenn unsere reguläre Armee durch überlegene Kräfte des Gegners zerschlagen werden sollte. Dann würden sie als eine Guerillaarmee weiterkämpfen, für die hohe Beweglichkeit und ein Höchstmaß an verantwortungsbewußtem selbständigem Handeln der Befehlshaber der operierenden Guerillaeinheiten charakteristisch sind. Sie wird, von einem beliebigen Punkt unseres Landes aus von einem zentralen Oberkommando geleitet, ihre Aufgaben entsprechend dem strategischen Plan erfüllen.

Die letzten Verteidigungsstellungen unserer Rebellenarmee, der bewaffneten und organisierten Avantgarde des Volkes, werden unsere Berge sein. Der Feind wird um jede Ortschaft, jedes Haus, jeden Weg, um jede Höhe und um jeden Fußbreit unserer Heimaterde erbittert kämpfen müssen. Diesen Kampf wird der Feind gegen die große Nachhut unserer Rebellenarmee bestehen müssen, gegen unser ganzes Volk, das entsprechend der Lage bewaffnet werden wird. Da unsere Infanterieeinheiten nicht mit schweren Waffen ausgerüstet sind, wird ihr Kommando seine besondere Aufmerksamkeit auf die Organisation der Panzer- und Luftabwehr richten müssen. In diesem Verteidigungskampf werden wir mit Ausnahme einiger Granatwerferbatterien nur über begrenzt wirksame Waffen verfügen, wie Panzerfäuse, Panzerabwehrgranaten, automatische

Flugabwehrkanonen und darüber hinaus einige Batterien von Granatwerfern verschiedener Typen. Es besteht kein Zweifel, daß die alten Soldaten mit der Munition für diese automatischen Waffen sehr sorgsam umgehen werden, da sie den Wert jeder einzelnen Patrone kennen. Die Einheiten unserer Armee werden von Feldwerkstätten begleitet werden, die die Waffen reparieren und unter schwierigsten Bedingungen ihre Einheiten sogar mit Munition versorgen können.

Unsere Luftwaffe wird zu Beginn des Überfalls empfindliche Verluste haben. Bei dieser Annahme gehen wird davon aus, daß unser Land von einer starken ausländischen Macht überfallen wird oder daß die Söldnertruppen irgendeines kleinen Satellitenstaates insgeheim oder offen von dieser starken Macht unterstützt werden.

Unsere Luftwaffe würde dann möglicherweise vernichtet oder fast vernichtet werden. Wir werden aber dafür sorgen, daß wir dann noch Aufklärungsflugzeuge und vor allem Hubschrauber haben, die man für die verschiedensten Zwecke einsetzen kann.

Die Organisation der Kriegsmarine wird dem gleichen strategischen Plan entsprechen. Wendige Kampfboote, vom Gegner nicht zu fassen, werden ihm dort ihre Schläge versetzen, wo er es am wenigsten erwartet. Auch bei der Marine wird es wie in den schon vorher angeführten Beispielen sein, daß der Gegner nicht ein einziges wichtiges Objekt, nicht ein einziges irgendwie nur bedeutendes Ziel ausmachen kann, gegen das er seine Schläge richten könnte. Der Gegner wird nirgends auf eine klar erkennbare Frontlinie treffen. Er wird es immer mit einem unsichtbaren, überaus beweglichen und nicht zu fassenden Gegner zu tun haben, der ihn aber keinen Augenblick in Ruhe läßt.

Für den Fall einer Niederlage in einem Krieg regulärer Truppen wird unsere Armee besonders ausgebildet, damit sie auch dann weiterkämpfen kann. In diesem Fall wird sie sich mit den zwei stärksten Klassen unserer Bevölkerung, den Bauern und Arbeitern, zu einer Armee des bewaffneten Volkes zusammenschließen. Unsere Bauern haben schon gezeigt, wozu sie fähig sind, als sie die konterrevolutionäre Bande zur Strecke brachten, die im Raum von Pinar del Rio brandschatzte. Für die Vorbereitung solcher Aktivitäten erhält die Mehrzahl der Bauern ihre militärische Ausbildung an ihren Wohnorten. Ihre Abteilungskommandeure und höheren Offiziere aber werden in unseren Militärschulen entsprechend ausgebildet. Von hier aus gehen sie in die 30 landwirtschaftlichen Zonen unseres Landes, um dort Herde des bewaffneten Kampfes der Bauern zu organisieren. Diese Armee wird unser Land bis zum letzten Atemzug verteidigen und für unsere sozialen Errungenschaften, für unsere neuen Häuser und Kanäle, für unsere Deiche, für unsere reiche Ernte und für unsere Unabhängigkeit, mit einem Wort: für das Recht auf Leben kämpfen.

Ihre Kampfmethoden wird diese Armee der jeweiligen Lage anpassen. Am Tage werden die Bauern zum Beispiel ihr Land friedlich bearbeiten, und nachts werden sie unerschrockene Guerilleros, der Schrecken aller Eindringlinge sein.

In ähnlicher Weise werden unsere Arbeiter kämpfen. Die besten werden ebenfalls militärisch ausgebildet. Sie werden an der Spitze ihrer Compañeros stehen und dem Feind erbitterten Widerstand leisten.

Die Aufgaben der einen oder anderen Schicht unserer Bevölkerung in einem solchen Kampf sind unterschiedlich. Der Bauer wird einen typischen Guerillakrieg führen. Er muß deshalb ein guter Schütze sein, er muß lernen, sich dem Gelände anzupassen, überraschend anzugreifen und sich zurückzuziehen. Den Arbeitern kommt ein besonderer Umstand zugute: Er befindet sich im Innern einer modernen Stadt, die ihnen die Vorteile einer gewaltigen Festung bietet. Aber in der Stadt gibt es für den militärischen Kampf auch negative Seiten. So ist zum Beispiel die Bewegungsfähigkeit der Truppe innerhalb einer Stadt eingeschränkt. Der Arbeiter muß vor allen Dingen lernen, wie und wo man in einer Stadt Barrikaden errichtet, wozu er alle nur möglichen Transportmittel, Möbel und anderes verwenden kann. Er muß jedes Stadtviertel zu einer Festung mit besonderen Verbindungswegen machen können. Er muß mit so wirksamen Verteidigungswaffen wie den bereits beschriebenen Molotow-Cocktails umgehen können und in der Lage sein, aus den Fenstern, den Schießscharten im Straßenkampf, ein gut gezieltes Feuer zu führen.

Die bewaffneten Arbeiter, die Abteilungen der Polizei und der bewaffneten Kräfte, die eine Stadt verteidigen, bilden zusammen eine mächtige Armee, die dem Aggressor schwer zu schaffen machen wird. Die Kampfhandlungen innerhalb einer Stadt werden selbstverständlich nicht so weiträumig und flexibel geführt werden wie der Kampf der nach Guerillaart operierenden Bauern. Er wird auch mehr Opfer kosten. Der Feind wird hier Panzer gegen uns ins Feld führen. Unsere Kämpfer, die die verwundbaren Stellen dieser Panzer kennen, werden sie furchtlos vernichten. Jeder Erfolg wird aber auch von uns große Opfer verlangen.

Neben den bewaffneten Bauern- und Arbeitereinheiten wird es auch noch andere Organisationen geben, zum Beispiel die Abteilungen der Studentenmiliz, in denen sich die besten Vertreter der studentischen Jugend zusammengeschlossen haben. Diese Abteilungen werden ebenfalls unter Leitung der Rebellenarmee operieren. Auch die anderen Jugend- und sogar die Frauenorganisationen werden sich diesem Kampf anschließen und in einem solchen Befreiungskrieg zweifellos eine große Rolle spielen. Die Frauen werden den Männern unschätzbare Hilfe erweisen: Sie werden das Essen bereiten, die Verwundeten pflegen, die Sterbenden trösten, waschen. Mit einem Wort, die Frauen werden in einer solchen schwierigen Zeit mit den Männern zusammen in den ersten Reihen stehen.

Das alles werden wir durch eine breit angelegte politisch-ideologische geduldige Erziehungsarbeit erreichen. Dabei geht es darum, dem ganzen Volke ein elementares Grundwissen zu vermitteln, das auf seinen revolutionären Traditionen aufbaut und auf das engste mit seinen revolutionären Gegenwartsaufgaben verbunden ist.

In diesem Zusammenhang muß unsere revolutionäre Gesetzgebung überall studiert, erläutert und kommentiert werden.

Ebenso ist es erforderlich, daß die Reden der Führer unserer revolutionären Bewegung den Volksmassen vorgelesen und mit ihnen besprochen werden. So werden wir erreichen, daß die Massen immer orientiert sind. Wir müssen dafür sorgen, daß die Bevölkerung der ländlichen Gebiete die ausgezeichneten und allen verständlichen Reden Fidel Castros im Rundfunk hören oder, wo Voraussetzungen dazu bestehen, im Fernsehen verfolgen kann. Ständig muß politischer Dialog mit der Bevölkerung geführt werden, d. h., die in Gesetzen und Erlassen sich ausdrückende Hoffnung des Volkes muß erläutert werden. Es ist ebenso unerläßlich, daß wir die Massen zu revolutionärer Wachsamkeit erziehen und sie lehren, die Machenschaften des Gegners zu durchschauen. Jeder Kämpfer ist verpflichtet, die revolutionäre Moral zu achten. Darauf ist unbedingt zu achten, weil andernfalls die Revolution auf den gefährlichen Weg des Opportunismus gerät. Verletzt ein Guerillero diese revolutionäre Moral, können seine Verdienste um die Revolution höchstens als mildernde Umstände gelten, ihn aber niemals vor Strafe schützen.

Die neue Einstellung zur Arbeit muß von uns weitestgehend propagiert werden, besonders die zur Arbeit im Kollektiv für das ganze Volk. Dazu müssen wir die Entwicklung der freiwilligen Brigaden, in denen unsere Menschen ihre Liebe zur Revolution beim Bau von Straßen, Brücken, Mühlen, Wehren, Schulen und Kindergärten durch die Tat demonstrieren, weiter fördern.

Unsere Armee aber, die mit dem Volk organisch verbunden ist und sich aus Bauern und Arbeitern zusammensetzt, die gut geschult und psychologisch auf alle Eventualitäten vorbereitet ist, wird unbesiegbar sein. Sie wird dies um so mehr sein, je mehr auf sie und auf unser Volk das Wort unseres unsterblichen Camilo zutrifft: „Unsere Armee ist das Volk in Uniform." Deshalb steht für unsere Zukunft – wie sehr auch die Monopolisten danach trachten mögen, das „schlechte Beispiel" Kuba zu vernichten – Großes zu erwarten.

Moral und Disziplin

Die Leistungen der kubanischen Rebellenarmee im kubanischen Befreiungskrieg sind wohlbekannt und dem kubanischen Volk so vertraut, so daß die Erfolge kaum mehr gewürdigt werden müssen, die mit dem Tod von 20 000 Menschen und aufgrund der umfassenden Beteiligung des Volkes erreicht wurden. Mehrere Faktoren waren von ausschlaggebender Bedeutung für diesen Sieg.

Notwendige Voraussetzungen für unseren Sieg schuf die Diktatur selber, die breite Volksmassen unterdrückte, um die Privilegien zu sichern – Privilegien für Günstlinge, Privilegien für Großgrundbesitzer und parasitäre Unternehmer, Privilegien für ausländische Monopole. Als im Verlauf des Krieges die Repression und die Brutalität des Regimes wuchsen, hatte dies den Anstieg und nicht den Rückgang des Widerstands im Volke zur Folge. Die Demoralisierung der Armee und die Unverschämtheit ihres Auftretens erleichterten unseren Kampf; die unwegsamen Berge in der Provinz Oriente und das taktische Unvermögen unseres Feinds trugen ebenfalls zu unserem Sieg bei. Aber gewonnen hat diesen Krieg das Volk durch die Aktion seiner bewaffneten Vorhut, der Rebellenarmee; und die wichtigste Waffe dieser Armee war ihre Moral und ihre Disziplin.

Disziplin und Moral sind die Grundlagen der Stärke einer Armee, gleichgültig wie sie zusammengesetzt ist. Untersuchen wir diese beiden Begriffe: Die Moral einer Armee besteht aus zwei Komponenten, die sich gegenseitig ergänzen und bedingen. Es gibt eine Moral im ethischen Sinne und eine Moral im bewaffneten Sinne. Jede bewaffnete Formation muß, will sie vollkommen sein, beide Komponenten aufweisen.

Die Moral im ethischen Sinne wandelte sich im Verlauf der Zeit in Abhängigkeit von den geltenden gesellschaftlichen Normen. Die Plünderung von Siedlungen und das Beutemachen waren in der feudalen Gesellschaft allgemein akzeptiert, wer aber Frauen verschleppte, verstieß gegen dic moralischen Werte und wurde geächtet. So wäre auch eine Armee, die zur damaligen Zeit systematisch Frauen verschleppt hätte, gesellschaftlich geächtet gewesen. Dennoch wurde in noch früheren Zeiten ein solches Verfahren allgemein akzeptiert, und die Frauen der Besiegten gingen in den Besitz der Sieger über.

Alle Armeen müssen sorgfältig auf die Einhaltung ihrer ethischen Moralvorstellungen achten, zum einen, weil damit Bestandteile des Selbstverständnisses gewahrt werden, zum anderen zur Erhaltung der Kampfkraft und als Faktor zur Abhärtung der Soldaten.

Eine Moral in heroischem Sinn ist die Kampfmoral, die feste Überzeugung, letztendlich siegen zu werden, die solide Überzeugung von der Gerechtigkeit der eigenen Sache, die die Kämpfer zu den außergewöhnlichsten Heldentaten anspornen kann.

Kampfmoral besaßen die französischen „Maquis“, die den Kampf unter sehr schwierigen Bedingungen aufnahmen, scheinbar ohne Aussicht auf Erfolg. Und trotzdem: Die Überzeugung, für eine gerechte Sache zu kämpfen und die Abscheu vor den Verbrechen und Brutalitäten der Nazis führten sie zu Aktionen und letztlich zum Sieg.

Kampfmoral besaßen die jugoslawischen Partisanen, die in ihrem Land Besatzungstruppen gegenüberstanden, die fünfzigmal mächtiger als sie waren, und sie führten den Kampf bis zum Sieg.

Kampfmoral besaßen die Verteidiger Stalingrads, die in unterlegener Zahl und mit dem Fluß im Rücken einer mächtigen und langanhaltenden Offensive widerstanden. Sie verteidigten jeden Hügel, jedes Straßenviertel, jedes Haus und jedes Zimmer, jede Straße und jeden Häuserblock ihrer Stadt solange, bis die sowjetische Armee die Gegenoffensive beginnen konnte, um die ausgedehnte Umzingelung zu durchbrechen, die Angreifer zu schlagen und sie gefangenzunehmen.

Will man ein Beispiel aus früheren Zeiten nennen, so sei an die Kampfmoral der Verteidiger Verduns erinnert, die einen Angriff nach dem anderen zurückschlugen und damit eine zahlen- und ausrüstungsmäßig bei weitem überlegene Armee aufhielten.

Kampfmoral besaß unsere Rebellenarmee auf den Schlachtfeldern in den Bergen und in den Ebenen. Aber genau diese Kampfmoral fehlte der Söldnerarmee, um erfolgreich gegen die Rebellenarmee kämpfen zu können. Wir fühlten die Bedeutung der kraftvollen Worte unserer Nationalhymne „Für das Vaterland zu sterben, heißt leben". Die anderen kannten die gleichen Worte, weil sie auch die Nationalhymne sangen, aber sie fühlten die Bedeutung dieser Worte nicht. Auf der einen Seite die Gewißheit von der Gerechtigkeit unserer Sache und auf der anderen das Gefühl, nicht zu wissen, wofür man kämpft – das war der große Unterschied zwischen unseren und ihren Soldaten.

Zwischen beiden Komponenten der Moral, also zwischen der ethischen Moral und der Kampfmoral, gibt es ein Bindeglied, das sie zu einem harmonischen Ganzen vereinigt: die Disziplin. Es gibt unterschiedliche Arten der Disziplin, aber im wesentlichen gilt es, zwei Formen von Disziplin zu unterscheiden: eine äußere und eine verinnerlichte Disziplin. Die militaristischen Regime bauen auf die äußere Disziplin.

Auch hier bei uns war der enorme Unterschied zwischen den beiden Armeen auffällig: Die Armee der Diktatur praktizierte ihre Kasernendisziplin – äußerlich, mechanisch und kalt. Die Rebellenarmee besaß auch eine äußere Disziplin, aber darüber hinaus verfügte sie über eine beachtliche innere Disziplin. Dieser Unterschied wirkte sich automatisch auf die Kampfmoral aus. Warum und wofür kämpfen? Für einige kleine Pfründe kämpfen, die den Batista-Soldaten zugestanden wurden? Um ein bißchen kassieren zu können, um am Glücksspiel beteiligt zu werden, um an der Korruption etwas zu verdienen, um ein kleiner uniformierter Gauner sein zu dürfen? Für diese Rechte kämpften die Leute, aber nur bis zu einem gewissen Punkt, und der war erreicht, als sie ihr eigenes Leben einsetzen mußten ...

Auf der anderen Seite eine Armee mit einer enorm entwickelten ethischen Moral, mit kaum vorhandener äußerer Disziplin, dafür aber mit einer ausgeprägten inneren Disziplin, die der Überzeugung entsprang. Der Soldat der Rebellenarmee trank keine alkoholischen Getränke, nicht weil seine Vorgesetzten ihn dann bestraft hätten, sondern er trank nicht, weil dies seiner Moral entsprach. Seine innere Disziplin verstärkte die Moral der Rebellenarmee, die ganz einfach kämpfte, weil sie überzeugt davon war, daß es ihre Pflicht war, das Leben für die Sache einzusetzen.

Die Moral wurde weiterentwickelt, und die Disziplin festigte sich, und so wurde unsere Rebellenarmee unbesiegbar. Dann kam der Frieden als Ergebnis des Sieges, und damit begann eine große Auseinandersetzung zwischen zwei Konzeptionen und zwei Organisationsformen. Auf der einen Seite das alte, in starre Formen gepreßte Modell mit der äußeren, mechanischen Disziplin, andererseits das neue Modell mit der inneren Disziplin, ohne rigide Schemata. Aus diesem Konflikt heraus erklären sich die bekannten Schwierigkeiten und Probleme bei der Strukturierung und dem Aufbau unserer Armee.

Nachdem das Problem analysiert und begriffen war,

konnte es gelöst werden. Wir versuchen nun, unsere Rebellenarmee auszustatten mit einem Mindestmaß an mechanischer Disziplin, die für das harmonische Zusammenwirken größerer militärischer Einheiten notwendig ist, mit einem Höchstmaß an innerer Disziplin, die aus dem Studium und dem Verständnis unserer revolutionären Pflichten entspringt. Heute wie gestern kann die Disziplin nicht nur durch äußere Mechanismen erreicht werden – auch wenn wir über eine spezielle Institution verfügen, die sich ausschließlich mit der Bestrafung von Versäumnissen befaßt –, sondern Disziplin kann nur erreicht werden durch den bewußten Anspruch, alle begangenen Fehler zu überwinden. Wie ist dies zu erreichen? Das ist die Aufgabe für die geduldige Tätigkeit der revolutionären Kommissare, die in unserer Armee die großen nationalen Losungen verbreiten.

Wie in allen Armeen der Welt müssen auch in unserer Armee die Vorgesetzten respektiert und Befehle sofort ausgeführt werden, und jeder Soldat muß seine Pflicht – wo auch immer – erfüllen. Darüber hinaus muß jeder Soldat sowohl ein Richter als auch ein Erforscher der Gesellschaft sein. Forscher soll er in dem Sinne sein, daß er mittels seiner Kontakte zur Bevölkerung die Gefühle und die Forderungen im Volk ermittelt, um diese Kenntnisse in einem konstruktiven Sinne mit seinen Vorgesetzten zu erörtern. Richter soll er sein in dem Sinne, daß es seine Pflicht ist, alle Verfehlungen innerhalb und außerhalb der Armee zu melden, damit sie korrigiert werden. Bei diesen Aufgaben zeigen sich die Vorzüge der inneren Disziplin, mit der angestrebt wird, die Individuen zu vervollkommnen. Genau wie in den Bergen dürfen in der Rebellenarmee keine alkoholischen Getränke konsumiert werden, und zwar nicht, weil die zuständige Institution dafür eine Strafe verhängen kann, sondern ganz einfach, weil die Sache, die wir verteidigen, und das Volk von uns erwarten, daß kein Alkohol genossen wird und wir so die agile Mentalität und die körperliche Einsatzbereitschaft, und damit insgesamt die Moral eines jeden Soldaten festigen.

Es sei daran crinnert, daß heute wie gestern die Rebellenarmee von der Bevölkerung aufmerksam beobachtet wird und die Armee ein Beispiel für das Volk ist. Es gibt und kann keine großartige Armee geben, wenn die große Mehrheit der Bevölkerung nicht von den herausragenden Qualitäten, über die wir verfügen, überzeugt ist. Unserer Armee ist nicht dort die Grenze gesetzt, wo ein Mensch seine Uniform auszieht. Das gesamte Volk steht an unserer Seite, und wir müssen auf dieses Volk bauen, so daß es für dieses Volk, also für die Arbeiter, Bauern, Studenten, Angestellten eine Ehre ist, die Waffe zu ergreifen, um in irgendeinem Fall an der Seite der uniformierten Mitglieder der Streitkräfte zu kämpfen.

Wir müssen der Wegbereiter für die einfache Bevölkerung sein. Viel schwieriger als zu kämpfen, viel schwieriger noch als der friedliche Aufbau des Landes ist es, dieses notwendige Ziel zu verfolgen, ohne dabei auch nur einen Zentimeter von dieser Linie abzuweichen. Wenn es uns gelingt, diese notwendige Einheit in allen Abteilungen unserer Streitkräfte herzustellen, wenn zu unserer Kampfmoral eine hohe ethische Moral hinzukommt, also die notwendige Einheit von äußerer und innerer Moral hergestellt ist, dann ist es uns gelungen, eine feste und dauerhafte Grundlage für die große Armee der Zukunft zu schaffen, die das gesamte kubanische Volk umfaßt.

Anmerkungen des Herausgebers

Die in der Reihe „Ernesto Che Guevara – Werke" veröffentlichten Arbeiten folgen der spanischen Version, die veröffentlicht wurden in der neunbändigen Ausgabe „Ernesto Che Guevara – Escritos y Discursos", Havanna 1972, die als die bislang vollständigste Ausgabe der Werke Che Guevaras gilt. Die in diesem Band veröffentlichten Arbeiten einschließlich der Rede Fidel Castros fußen auf der Version, die in Band 1 der kubanischen Ausgabe veröffentlicht wurden.

Die Rede von Fidel Castro übersetzte der Herausgeber. Der Beitrag „Der Guerillakrieg" wurde übersetzt von Fred Herms; die hier vorliegende Fassung wurde vom Herausgeber überarbeitet.

Die deutsche Fassung von „Guerillakrieg – eine Methode" wurde übernommen aus Heft 1/66 der Fazit-Reihe, 1966 von den SDS-Gruppen Köln und München ohne Namensnennung der Übersetzer veröffentlicht. Die vorliegende Fassung wurde vom Herausgeber überarbeitet.

„Moral und Disziplin des revolutionären Kämpfers" wurde der Aufsatz-Sammlung „Ratschläge an den Kämpfer" entnommen. Die deutsche Version verfaßte der Herausgeber.

CHE
GUEVARA
ERNESTO
AUSGEWÄHLTE SCHRIFTEN
1
BAND
GUERILLAKAMPF
UND
BEFREIUNGSBEWEGUNG
Weltkreis